SOCIÉTÉ D'AGRICULTURE DE CONSTANTINE

# GUIDE DU VITICULTEUR EN ALGÉRIE

PAR

M. LÉONCE BEYSSON
SECRÉTAIRE DE LA SOCIÉTÉ D'AGRICULTURE DE CONSTANTINE

CONSTANTINE
LIBRAIRIE DE L. MARLE.

ALGER
JUILLET St-LAGER, ÉDITEUR.

1875

SOCIÉTÉ D'AGRICULTURE DE CONSTANTINE

# GUIDE

DU

# VITICULTEUR

EN ALGÉRIE

PAR

M. LÉONCE BEYSSON

SECRÉTAIRE DE LA SOCIÉTÉ D'AGRICULTURE DE CONSTANTINE

CONSTANTINE
LIBRAIRIE DE L. MARLE.

ALGER
JUILLET S^t-LAGER, ÉDITEUR.

1875

# INTRODUCTION.

Un de nos collaborateurs et secrétaire du Comité d'administration de la Société d'agriculture a bien voulu, sur notre demande, mettre ses connaissances pratiques et son expérience de viticulteur au service des colons de l'Algérie, en publiant un opuscule dans lequel sont examinés les divers modes de plantation de la vigne, au point de vue du climat, de l'exposition et de la nature du sol, ainsi que des procédés économiques expérimentés jusqu'à ce jour. L'auteur n'a point voulu faire une œuvre didactique, mais il s'est efforcé d'être aussi précis et aussi intelligible que possible dans l'exposé des diverses méthodes appliquées dans les contrées qu'il a visitées, en ayant soin de faire ressortir les avantages de celles qui lui paraissent donner les résultats les plus fructueux. Les lecteurs apprécieront sans doute, comme nous-mêmes, l'utilité de ce petit travail très-consciencieux et très-pratique.

Aussi, recommandons-nous le *Guide du Viticulteur* aux propriétaires et colons qui cherchent à accroître le revenu de leurs propriétés et qui travaillent au développement de la richesse agricole et industrielle de l'Algérie.

La Société offre cette brochure *gratuitement* à tous les anciens et nouveaux abonnés du *Bulletin agricole*.

Elle sera mise en vente pour les autres personnes au prix d'un franc.

Constantine, le 1er mars 1875.

*La Rédaction du* BULLETIN AGRICOLE.

# GUIDE DU VITICULTEUR
## EN ALGÉRIE.

---

### EXAMEN DES DIVERS MODES DE VITICULTURE EN ALGÉRIE.

En présence du fléau terrible (le *Phylloxera*) qui ruine, en ce moment, les vignobles du midi de la France, tous les yeux sont fixés sur l'Algérie, qui fut, croyons-nous, le berceau de la vigne. Les statistiques constatent, en effet, qu'un puissant essor a été donné à la viticulture et que l'on ne discontinue pas d'enrichir notre pays de superbes vignobles. Mais les plantations se font-elles avec discernement; se demande-t-on assez si les cépages que l'on plante conviendront au terrain; avons-nous fait une étude approfondie du plant, de sa qualité, de sa production, de la nature du sol?... Autant de questions que nous aurons à examiner successivement.

Il y a eu, dès le début, une tendance malheureuse à préférer les plants fins, parce qu'on avait conçu sur l'excellence du climat d'Algérie des espérances multiples qui ne se sont pas toujours réalisées. Il est un fait constant, c'est que même dans le midi de la France, les plants fins n'ont occasionné que des pertes à leur propriétaire; devons-nous, ici, persister dans la voie de pareilles erreurs? Pourquoi ne pas faire notre profit des expériences ruineuses des viticulteurs du midi?

Je cultive au Hamma: des Gamet, des Cabernet, des Pinot, etc.; et j'ai pu me convaincre de la vérité du fait que je viens d'énoncer, car je pourrais citer tel propriétaire qui a été forcé de dénaturer les qualités de son vin pour en avoir l'écoulement.

Donc, pour les cépages qui ne se rapprochent pas de ceux cultivés dans le Gard, l'Hérault et le Var, les résultats sont presque nuls dans nos pays. Attirons donc à nous les Aramon, les Carignan, les Morestel, les Terret-Bourret, les Aspiran, les Espar, les Grenache, les Mourvède et tant d'autres de ces cépages du Midi, dont la végétation est splendide et dont le cep est plein de vigueur et de produits.

On l'a dit avant nous: un bon plant, une bonne vigne, sont des sources de richesse; fixons donc notre attention sur un bon plant pour avoir une bonne vigne.

Pourtant, trouver un bon plant ne suffit pas toujours pour mener à bien l'œuvre que l'on veut entreprendre; il faut aussi savoir opérer sa plantation dans des conditions particulières qui conviennent à notre sol; il faut, en outre, guider cette vigne d'une façon spéciale. C'est pour répondre à ces *desiderata*, que, jaloux d'apporter le fruit de notre jeune mais sérieuse expérience, nous entreprenons de décrire les cépages que nous étudions depuis plus de cinq années. Nous ferons précéder cette notice de quelques considérations générales basées sur les renseignements recueillis dans notre dernière tournée d'inspection. Nous nous efforcerons surtout d'être algérien, d'écrire pour notre sol.

Notre ambition a un double but : 1° Aider, initier les nouveaux venus, essayer de leur éviter nos coûteuses écoles ; 2° Apporter une pierre à l'édifice de l'ampélographie algérienne.

## CLIMAT.

Le climat de l'Algérie est un climat tempéré, mais il subit l'influence de deux courants aériens : l'un partant du Nord, passant au Nord-Ouest, s'introduit par l'Espagne en Algérie, pour aboutir au Sud de la Régence de Tripoli ; l'autre, partant de ce dernier point pour retourner au Nord. Ces courants portent une certaine perturbation dans la température moyenne des deux saisons principales et les seules appréciables, l'hiver et l'été. Sous l'influence du courant Nord, en hiver, la température moyenne, qui est de 14°, peut descendre jusqu'à 2°. Sous l'influence du deuxième, la température qui, en été, est de 21°, peut atteindre 40°. Mais ces deux courants ne font sentir leur effet que pendant un laps de temps relativement très-court et à certaines expositions. Le reste jouit, nous le répétons, d'un climat tempéré.

Aussi, la végétation que la vigne acquiert sous notre climat est tellement luxuriante, qu'on serait tenter de croire qu'elle est originaire de l'Algérie. En effet, la province de Constantine est féconde en plants indigènes : le *Hasseroum*, le *Hamar bou Hamar*, le *Grillah*, le *Sebieh el Lalgiah*, le *Rerbi*, etc., sont des raisins qui, non-seulement diffèrent entre eux par la forme et la couleur, mais n'ont point leurs similaires en France. La vigne existe ici à l'état sauvage, c'est un fait incontestable ; on la trouve dans les vallées humides, le long des rivières, mêlée aux ronces et aux lentisques ; sur les montagnes boisées, où elle étreint les chênes séculaires de la Kabylie ; ses sarments courent de branches en branches et forment de magnifiques arceaux de feuilles et de fruits. Cette vigne est appelée dans le midi de la France la *Lambrusque ;* les Arabes la nomment ici *Aneb-Dequer*. Greffée sur pied arabe ordinaire et lancée sur un arbre, elle arrive à donner, la troisième année, une baie qui a une grande analogie avec le raisin français nommé *Teinturier*.

L''Algérie est donc bien réellement le pays de la vigne.

Nous avons vu à Lambessa des sarments d'*Espar* atteindre près de $1^{m}$ 75 de long et ayant porté quantité de grappes ; au Hamma, une plantation d'*Aramon* de deux ans atteindre, comme longueur de sarments, $1^{m}$ 40 en moyenne ; à Philippeville, des souches de *Mourvède* parvenir à $0^{m} 80^{c}$ d'élévation. Ces vignes nécessiteront, sous peu, un rabaissement à cause de cette exubérance de végétation. Tout prospère sous cet heureux climat : la végétation et la production ; à qualité de vin égale, on peut assurer que la vigne, en Algérie, rend plus qu'en France.

Que de fortunes en perspective dans notre pays pour ceux qui se livreront à la culture de ce précieux arbuste ! mais, pour cela, nous ne saurions trop le redire, il faut bien planter et planter surtout des cépages appropriés au climat et au sol.

## SOL.

Que de terrains, dans la province, demeurent incultes et qui seraient si propices aux vignobles ! combien de vastes surfaces impropres à la culture des céréales et qui pourraient être utilisées pour la propagation de la vigne ! Elle pousse, sans contredit, dans tous les sols, qu'ils soient calcaires ou schisteux, argileux ou formés d'alluvion, arides ou humides, pierreux et rocailleux. Mais le terrain le plus favorable à sa bonne culture est un terrain léger, plutôt sablonneux qu'argileux et dont la couche arable est profonde. Elle vient encore dans les terres noires, grasses, formées d'argile, de détritus végétaux ; elle donne, enfin, de très-bons résultats dans les sols calcaires et dans tous ceux qui se divisent facilement.

## SOUS-SOL.

L'étude du sous-sol est, sans contredit, d'une grande importance ; en effet, suivant la direction que prennent les racines de la vigne, on peut les distinguer en vignes traçantes et vignes pivotantes. Cette remarque est facile à faire dans la pratique, car il a été observé que les racines affectent la direction des sarments. Si les sarments sont érigés, les racines sont pivotantes, s'ils sont rampants, les racines seront traçantes.

Il est facile, en pareil cas, d'apprécier l'influence du sous-sol sur la végétation. On comprendra, sans peine, que si la couche de terre est peu profonde, et qu'elle repose sur une matière impénétrable aux racines de la vigne, et que cette dernière soit pivotante, elle ne pourra que végéter et même périr. Ce ne sera qu'une question de temps.

Ainsi donc, au moment de la plantation, on sondera la couche arable ; si elle est peu épaisse, on plantera des vignes traçantes ; si elle est profonde, toutes les vignes s'y accomoderont.

Un sous-sol humide et susceptible de retenir les eaux est défavorable à la prospérité du cep, le seul remède à y apporter est le drainage.

## EXPOSITION.

Comme conséquence forcée des deux courants dont nous avons parlé précédemment, deux vents sont à craindre en Algérie, le vent du Nord et le vent du Sud ; mais ces vents n'exercent leur influence qu'à une altitude supérieure à 600 mètres environ au-dessus du niveau de la mer. Il faut se tenir en garde contre ces deux expositions lorsqu'on veut entreprendre une plantation de vigne. Il est, cependant, un moyen d'atténuer sensiblement les effets du vent du Nord, celui, du reste, qui est le plus à craindre : c'est de diviser son terrain par grands carrés et de créer des abris dans la direction de l'Est à l'Ouest. Ces abris qui peuvent être une plantation en ligne de cyprès, par exemple, ne gêneront en rien l'action directe du soleil, puisqu'ils seront plantés parallèlement à sa course. Que l'ombre projetée soit d'un mètre, par exemple, ce sera tout. Et, du reste, ne pourrait-on pas combiner les chemins propres à desservir la vendange, de façon à ce que ces chemins soient situés sous cette ombre ?

L'exposition la plus favorable à la vigne est l'exposition Ouest. Le côteau légèrement incliné est préférable aux plaines ; dans le premier, l'air circule, il est continuellement en vibration, les gelées, dans ce cas, seront moins à craindre.

Il n'est pas un arbuste qui soit plus que la vigne impressionnable aux rayons solaires. A la moindre ombre, elle ne produit plus ; à l'ombre intense son accroissement est nul ; si, enfin, cette ombre se prolonge, elle meurt. Pour que la vigne puisse arriver à une bonne production, il lui faut les rayons directs du soleil. C'est assez dire que les plantations d'arbres disséminées dans un champ de vignes sont nuisibles. Je connais tel propriétaire qui accuse la pauvreté du sol et qui dépense, chaque année, des sommes folles pour en améliorer la nature, et à qui il suffirait, pour rendre cette vigne féconde, d'arracher quelques amandiers ou quelques pins qui interceptent les rayons solaires.

## CHOIX DU CÉPAGE A INTRODUIRE.

A notre avis, les principales questions pour les nouvelles plantations de vignes se résument à deux : 1° le choix du cépage ; 2° la plantation. Que de déboires se préparent ceux qui ne se sont pas posés cette question : Quel cépage vais-je introduire dans mon vignoble ? On plante, et puis un jour on s'aperçoit que l'altitude ne convient pas au plant, que le rendement n'est pas en rapport avec les frais d'entretien, que la qualité du vin est mauvaise, ou bien encore, que la nature du sol ne convient pas du tout au cépage. Il est certain que par la greffe on peut apporter, jusqu'à un certain point, un remède à cet état de choses ; mais, n'aurait-il pas mieux valu, avec un peu de réflexion, procéder plus sérieusement. La greffe est une opération coûteuse et qui retarde la production du cépage d'au moins deux ans. Deux ans pour la greffe et trois ans de plantation, c'est cinq ans, au minimum, d'improductivité du capital. Aussi, est-ce pour éviter de semblables épreuves aux nouveaux colons désireux de planter de la vigne en Algérie, que nous ferons suivre ces considérations générales d'une nomenclature soigneusement étudiée des plants qui, selon nous, doivent être recommandés spécialement et les plus appropriés à notre climat. Cette relation sera certainement incomplète, en ce sens, que ne cultivant pas tous les cépages du Midi, nous ne pouvons les décrire ; et parce que, surtout, nous n'avons rien voulu publier qui ne soit confirmé par l'expérience; mais nous ferons du moins connaître ceux qui sont le plus propagés en France depuis longtemps. Dans tous les cas, et en ce qui concerne la méthode en général, nous pouvons dire : Au moment de planter, entourez-vous de renseignements, voyez les cépages qui prospèrent le plus dans la région où vous voulez faire votre plantation, ne faites votre choix que de celui qui rapporte davantage et qui donne le meilleur vin.

Si vous voulez vendre vos raisins, faites un choix dans les Chasselas, dans les Panses, dans les Muscats.

Si vous voulez être vigneron, que votre préférence se porte sur les Carignan, sur les Mourvède, sur les Morestel, sur les Aramon, etc..

## PRÉPARATION DU SOL.

Les sols algériens peuvent former deux divisions : les terrains labourables à la charrue et ceux où elle ne peut être employée.

Deux méthodes se présentent dans ceux ne se travaillant pas à la charrue : 1° Le défoncement général du terrain ; 2° Le défoncement partiel ou à fossés.

DÉFONCEMENTS A BRAS.

Le défoncement général consiste à remuer le champ, à l'aide de la bèche ou du crochet, à une profondeur de 50 à 60 cent., de le débarrasser de toutes les racines de végétaux, détritus, pierres, etc., nuisibles à la prospérité de la vigne. Cette opération s'entreprend peu après les premières pluies, vers le 20 septembre environ, dans les terres fortes et argileuses ; ou, en été, dans celles plus légères ou sabloneuses. Ce travail est rendu obligatoire en plaine, dans les parties où affleurent des rochers ou lorsqu'il existe une végétation arborescente quelconque.

Il est incontestable, que ce travail est celui qui, de tous, est préférable à la prospérité de la vigne. Le terrain est mieux divisé, il est plus propre, il favorise mieux que tout autre l'émission des racines ; mais, c'est celui dont la pratique est la plus onéreuse, et qui, par conséquent, ne peut être employé que là où les charrues ne peuvent atteindre.

Son prix de revient est très-variable. En effet, plusieurs considérations peuvent le modifier : d'une part, le temps qu'il faut pour l'opérer, si l'on est en présence d'un bois, de broussailles ou d'une partie rocailleuse ; d'autre part, la vente du bois, des racines peuvent amoindrir le prix de revient. D'après les renseignements qui nous ont été fournis, les prix varient pour l'hectare de 500 à 700 fr. en pays découvert et sans obstacles et de 7 à 900 fr. en pays boisé ou dans une terre compacte.

Dans les parties en pente, où la réussite de la

vigne est si difficile et si lente, c'est le seul moyen à employer pour opérer une bonne plantation. J'ai peu constaté de manquants dans les vignes plantées de cette façon. C'est, du reste, la réalisation du vieil adage provençal : « Trois labours à la charrue n'en valent pas un fait au crochet. »

La deuxième méthode, celle dite au fossé, consiste à ouvrir des tranchées ayant de 40 à 50 centimètres de largeur et 40 centimètres de profondeur sur toute la longueur du champ et séparées entre elles de 1m75 à 2m. C'est la méthode du défrichement partiel.

Cette méthode peut s'appliquer dans une foule de cas, surtout dans celui où la surface est restreinte, et lorsque la pente est très-accentuée. C'est un travail qui approche le défoncement précédent, qui a de plus ces avantages : de laisser la fosse ouverte pour la mise en terre des plants, ce qui évite d'ouvrir des trous cubiques ou de faire des trous à la barre à mine ; de laisser fertiliser par les agents atmosphériques cette terre laissée ainsi à découvert ; enfin, d'opposer par cette couche non remuée une résistance aux eaux pluviales qui déchaussent les pieds de vigne supérieurs, qui enterrent les inférieurs, et nécessitent plus tard de grands travaux de déviation, ainsi que la commission dont je faisais partie l'a observé fréquemment. Nous sommes partisan de ce système : qu'il vaut mieux n'en faire que peu, mais le faire convenablement, et nous avouons lui donner la préférence, tout en reconnaissant cependant qu'il est trop coûteux lorsqu'il doit s'étendre sur une grande surface.

Le prix varie suivant la nature du sol, l'écartement des fossés entre eux et le salaire des ouvriers à la journée. On donne ordinairement ces travaux à la tâche ; ils se paient de 15 à 20 centimes le mètre. L'hectare revient à environ 500 francs.

Notons en passant que nous ne faisons ici que parler de la préparation du sol ; cette façon de fouiller le terrain n'empêche en rien, si l'on veut appliquer cette méthode en plaine, l'entretien à la charrue. Nous reviendrons, du reste, sur ce mode de défoncement, au moment de la plantation. Ce n'est pas précisément la question d'ameublement du sol qui, à nos yeux, est la principale : c'est le mode de plantation qui nous préoccupe le plus.

### DÉFONCEMENTS A LA CHARRUE.

En Algérie, où la main-d'œuvre va toujours en renchérissant, parce qu'elle fait de plus en plus défaut, tous les efforts doivent tendre à économiser le plus possible le travail à bras. Aussi, avons-nous été heureux de lui voir substituer celui à la charrue sur un grand nombre de points que nous avons visités. C'est grâce à elle que l'on peut arriver à planter dans un temps relativement très-court de vastes surfaces en vignes. En effet, lorsqu'il faut à un homme un nombre infini de jours pour défoncer un hectare de terre à 50 centimètres de profondeur, il ne faut à la charrue, traînée par six bêtes et conduite par un ou deux hommes, que huit ou neuf jours pour faire la même besogne. Si, d'un autre côté, nous mettons en parallèle les prix, nous trouvons :

| | |
|---|---|
| Par la méthode de défoncement à bras, en moyenne................. | 650 fr. |
| Par la méthode à la charrue de six bêtes et deux hommes............. | 150 |
| Différence en faveur de la charrue | 500 fr. |

On le voit, sur ces deux moyens, l'avantage reste à la charrue.

Examinons maintenant le travail exécuté par cet instrument. Ici, je doute de la supériorité du travail fait à la charrue sur celui fait à bras d'hommes ; le premier laisse beaucoup à désirer. La charrue n'extirpe pas les racines de chiendent ; au contraire, elle les divise et les propage ; il faut, pour ne pas gêner son travail, débarrasser le terrain des grosses pierres et des racines qui s'y trouvent ; on ne peut avec elle descendre à la profondeur désirable ; il faut ensuite égaliser le terrain avec un rouleau ou un rateau quelconque ; mais la grande infériorité du travail à la charrue consiste surtout en ce que cet instrument divise bien moins la terre que ne le fait le crochet. Jamais une terre labourée ne sera aussi meuble que celle travaillée à la main ; l'extirpation des racines se fera dans des conditions plus défavorables dans le premier cas que dans le second.

Néanmoins, nous n'hésitons pas à dire que malgré les inconvénients signalés et en tenant compte des frais que nécessitent les travaux supplémentairesd'extirpation du chiendent, d'enlèvement des pierres et autres corps étrangers au bon état d'un terrain cultivable, notre préférence devra toujours se porter sur un travail qui, n'étant pas en somme bien mauvais, économisera le temps et l'argent.

Quoi qu'il en soit, les précautions à prendre pour mettre en valeur un côteau accessible à ce mode de défoncement, c'est d'avoir soin de prendre le labourage en contre-sens de l'écoulement des eaux pluviales. Nous avons vu des terrains complétement ravinés par les pluies et qui avaient été labourés dans le sens de la pente, tandis que d'autres, qui avaient été labourés perpendiculairement à cette direction, avaient eu moins à souffrir.

Le prix de revient du labourage varie à l'infini, comme nous venons de le voir ; mais dans un terrain de consistance ordinaire, le prix moyen peut être fixé à 150 fr. l'hectare pour un attelage de six bêtes et un homme.

Le moment le plus favorable pour opérer les défoncements à la charrue est au mois de septembre, peu après les travaux de vendange ; mais certains terrains compacts ne les permettent pas à cette époque ; il faut attendre les pluies d'octobre. Au mois de février, au moment des plantations, on donne un petit labour superficiel à l'araire.

### REPRODUCTION DE LA VIGNE. — *Semis.*

La vigne se reproduit de plusieurs façons : de semis, de provins, de plants enracinés et de boutures.

Nous ne nous arrêterons pas longuement sur les semis, attendu que l'application de cette méthode est peu pratique. Un premier inconvénient, c'est de ne pas reproduire le même sujet que celui d'où sort le grain ; le deuxième, que ce moyen de reproduction est beaucoup trop lent. Il s'est fait au Hamma un essai de semis de raisin de Carignan qui a déjà trois ans de date, et, quoiqu'il ait parfaitement réussi, les sujets n'atteignent en moyenne que la grosseur d'un crayon. Il faudra bien attendre encore au moins trois autres années avant qu'ils soient devenus productifs ; j'ai cru remarquer en outre que la feuille n'avait pas le même aspect que celle du Carignan.

*Provignage.*

Lorsque dans un champ de vieilles vignes un cep vient à périr, le seul moyen pour le remplacer promptement, c'est de faire un provin.

Cette opération se pratique un peu avant la montée de la sève, c'est-à-dire vers le milieu de mars. Voici, du reste, comment nous opérons le provignage au Hamma : Lors de la taille et lorsque l'on constate un pied mort, on cherche dans les ceps environnants un sarment suffisamment long qu'on a le soin de garder ; puis, en mars, on extirpe la souche morte, de façon à ce qu'il reste un trou cubique de 30 centimètres de côté ; on ouvre ensuite une petite tranchée ayant la profondeur du trou, qui part de ce dernier et aboutit à quelques décimètres du cep où se trouve le sarment conservé. On prend ce sarment et avec précaution on le couche dans la tranchée, en ayant soin de faire aboutir l'extrémité du sarment au point où était la précédente souche ; on le recouvre d'abord d'une première couche de terre sur laquelle on fait pression, puis on achève de combler. L'indication du provin se fait avec un roseau, de manière qu'au piochage on puisse le reconnaître et ne pas le déranger. A la deuxième année, lorsque l'émission des racines est faite, on détache le provin du pied mère et on obtient ainsi un nouveau sujet qui peut se mettre en rapport dans cette deuxième année même.

Ce provignage est le plus communément employé ; l'autre, celui qui consiste à coucher la souche entière et à ne laisser sortir que deux extrémités de sarment, ne se pratique plus.

Les seuls soins à donner aux provins consistent à ne pas piocher autour pour ne pas contrarier le développement des jeunes racines, puis à ne pas négliger au temps voulu de détacher le provin, car il y aurait sur lui une concentration de sève nuisible aux autres coursons.

En dehors du remplacement des pieds manquants, un autre parti que l'on peut tirer du provignage, c'est de pouvoir le faire servir à la création de lignes supplémentaires intercalées. Dans ce dernier cas seulement, on peut appliquer un prix au provignage, parce qu'alors il a une certaine importance. Un homme peut faire soixante provins par jour.

*Plants enracinés.*

Une autre façon de propager la vigne, c'est avec les plants enracinés ; ces derniers ne sont que des boutures mises en jauge ou en pépinière au moment même où la plantation s'opère. Ils ne servent qu'à remplacer les pieds manqués et offrent par leur emploi cet avantage d'avoir un vignoble d'une seule et même année. C'est tout simplement, on le voit, une pépinière de plants de vignes. Dans un sol pouvant devenir irrigable au besoin, on ouvre des tranchées de 50 centimètres de large et de 40 de profondeur ; puis on garnit les deux côtés du fossé de boutures espacées de 10 à 12 centimètres en moyenne ; on couvre légèrement le pied de la bouture, on tasse et on achève de combler le fossé. Ces tranchées sont séparées entre elles par des bandes de terre non remuées ayant 40 centimètres de large ; ce sont autant de passe-pieds qui permettent les binages nécessaires à la prospérité des jeunes plants.

Lorsque le moment de la plantation est venu, on ouvre avec précaution la jauge, on retire les plants délicatement pour ne pas déchirer le chevelu, on l'ébarbe un peu si les racines sont trop longues et on replante. On comprend l'utilité des précautions à prendre en pareil cas, le succès d'une plantation de vignes enracinées ne peut être assuré que tout autant que le chevelu n'aura pas été exposé longtemps à l'air, et que les racines du nouveau sujet n'ayant pas été déchirées seront bien disposées au fond du trou.

C'est à cause des grandes précautions qu'il faut prendre et du prix élevé des plants enracinés, que cette méthode n'est employée que pour remplacer les pieds manquants dans une plantation; c'est là son vrai rôle.

Le système supérieur à tous les points de vue et le seul qui soit employé dans la création des plantations, c'est le bouturage.

*Boutures.*

Cette façon d'opérer est la plus prompte, la plus commode, la plus économique et la plus généralement employée.

La bouture est un sarment de 80 cent. de long détaché du cep d'une vieille vigne, le plus ordinairement au moment de la taille. Elles sont de deux sortes: la crossette et le chapon. La crossette est la bouture prise directement sur le vieux bois et qui porte très-souvent un talon recourbé en forme de crosse. Lorsque cette bouture est détachée du courson, elle porte au talon l'extrémité supérieure de ce courson. C'est cette bouture qui à la taille précédente formait le deuxième œil.

Le chapon est la bouture prise sur un sarment trop long.

Les crossettes sont plus généralement employées, elles offrent cet avantage sur le chapon, que la moelle n'est pas en contact direct avec l'humidité de la terre, et, qu'en outre, le talon de la crossette porte une infinité de boutons dormants qui, à une certaine époque, donneront naissance à une foule de racines.

### PRÉPARATION DES BOUTURES.

Au mois de janvier, lorsque la taille est entreprise, le moment est opportun pour ramasser les boutures. On choisit celles exemptes de traces de maladie ou de détérioration. Ces boutures sont ensuite nettoyées, c'est-à-dire débarrassées des vrilles, pédoncules de feuilles, de grappes, etc., et coupées à environ 80 cent. ; on les réunit par paquets de cent et on les met le plus tôt possible à l'abri du contact des agents atmosphériques.

Pour faire cette dernière opération, on ouvre des tranchées ayant un bord en talus, on dépose le paquet de boutures, la crossette vers le fond du fossé, puis on couvre, délicatement, de façon à ce que la terre remplisse bien les interstices, et afin qu'il n'existe aucun vide qui puisse dessécher l'œil ou la moelle.

Les précautions à prendre consistent donc à mettre les yeux, le plus possible, à l'abri de l'air ; la terre devra être constamment remuée, de façon à boucher les crevasses qui pourraient se produire ; d'un autre côté, les fossés devront être le plus possible à l'abri des eaux stagnantes.

Le moment de la plantation arrivé, on déterre légèrement les paquets, au fur et à mesure des besoins, on défait les liens et on les éparpille sur les points où elles doivent être plantées.

Dans toutes ces opérations, c'est surtout le frottement des sarments les uns contre les autres qu'il faut éviter, le décapuchonnement des boutons est la chose essentielle à laquelle il faut prendre garde.

Le prix des boutures est variable selon la qualité du plant, l'importance de la livraison, etc. Ce dernier varie de 10 à 15 francs le mille, lorsqu'elles proviennent de la propriété elle-même.

### ESPACEMENT.

Avant de procéder à la plantation, il est utile d'être fixé sur un point important : l'espacement à donner au plant.

Cet espacement est très-variable et dépend d'une foule de circonstances : de la nature du cépage, selon qu'il est ou rampant ou érigé ; de la fertilité du sol; de son élévation ; de la température moyenne, etc.... Le principe fondamental sur lequel repose un espacement est en raison inverse de la sécheresse existante. Plus cette dernière est à craindre, plus les pieds doivent être espacés. Ceci est basé sur la plus ou moins grande absorption d'humidité nécessaire à la vigne. De ce principe, découlent naturellement deux modes d'espacements : un espacement plus grand en montagne qu'en plaine.

Dans les cépages à sarments rampants, lorsque la plantation est un peu serrée, les racines ont promptement épuisé l'humidité ; dans les plants érigés cela est moins à craindre, car les racines vont dans les profondeurs du sol chercher cette humidité si nécessaire à leur prospérité. De là, encore, deux espacements : un espacement plus large avec des sarments rampants, plus resserré avec des sarments érigés. La fertilité du sol et le développement des souches doivent être pris en sérieuse considération ; j'ai vu une plantation d'Espar et de Mourvède qui, quoique plantée à 1 mèt. 50 cent., était devenue inaccessible. Enfin, une considération qui doit servir de règle à l'écartement des lignes, car nous n'avons ici en vue que les plantations opérées de cette facon, est le système de culture que l'on doit employer pour les travaux d'entretien : si ces derniers se font à la charrue, un espacement spécial ; s'ils se font à bras, un autre.

Un espacement trop resserré empêche les travaux de printemps et d'été et ne les permet qu'à bras en hiver ; les vendanges deviennent très-difficiles à cause du fouillis inextricable des sarments. Le grillé et l'apoplexie sont plus fréquents dans les plantations serrées, à cause du manque d'humidité et d'aération.

D'un autre côté, un trop large espacement est tout aussi contraire, l'inconvénient principal est de laisser une vaste surface improductive et coûteuse à entretenir au piochage, aux binages, etc..

L'expérience, confirmée par la tournée que nous venons d'opérer, nous a démontré que les espacements les plus favorables à une plantation dans notre climat sont :

1° 1 mèt. 50 cent., en tous sens, pour les vignes à sarments traînants et en plaine. A cet espacement, qui donne près de 4,400 ceps à l'hectare, tous les travaux d'entretien peuvent se faire à la charrue, la végétation peut s'établir dans de bonnes conditions ;

2° 1 mèt. 10 à 1 mèt. 20 cent. pour les vignes à sarments érigés, en plaine, ne se travaillant pas à la charrue. Le chiffre des pieds de vigne est porté alors à 7,200 à l'hectare ;

3° Enfin, la méthode dite à la *Marseillaise*, celle qui s'appliquerait le mieux à notre climat, se compose de lignes doubles séparées de 1 mèt. à 1 mèt. 20 cent. et à 2 mèt. de deux autres paires de ligne. Sur la ligne, les ceps devront être à 1 mèt. l'un de l'autre.

Ce dernier mode d'espacement est très-usité dans le Midi; il s'applique en plaine aussi bien qu'en montagne, facilite les travaux à la charrue, et offre cet avantage réel à la plantation, c'est que toutes les lignes ont un côté au grand air. Dans ces conditions, c'est à raison de 6,800 pieds à l'hectare que la plantation se trouve faite.

### PLANTATION.

Nous avons vu de quelle façon nous devons défricher notre terrain. Il est prêt, nous connaissons parfaitement notre plant, nous avons arrêté notre espacement; il ne nous reste plus qu'à opérer notre plantation.

Les plantations de vignes ont lieu, généralement, au mois de février dans notre province. Ici se place naturellement cette question importante: Comment doit-on planter en Algérie? Diverses méthodes sont mises en œuvre: 1° méthode dite à la barre à mine; 2° à fossés; 3° mixte dite à trous cubiques. Examinons chacune de ces trois méthodes et voyons quelle est celle qui pourra présenter, sous notre climat, les chances d'une bonne réussite.

### PLANTATION A LA BARRE A MINE.

Cette méthode a une tendance à se généraliser en Algérie et, cependant, elle a été condamnée en France à cause de la difficulté pour le propriétaire de pouvoir apporter une serveillance active sur ses planteurs. Au moment où ce système se pratiquait en France, les surfaces à planter étaient restreintes, on pouvait alors apporter tous les soins qu'exige une plantation de ce genre. Le pal, au lieu d'être une simple barre à mine, était un instrument en bois cylindro-conique, dont le plus petit côté avait 7 cent. de diamètre, et la partie formant la base 12 cent. Enfoncé dans la terre ameublie, ce pal laissait un trou qui présentait un orifice de 15 à 18 cent. de diamètre ; c'était, à peu de chose près, la plantation à trous cubiques de nos jours. Le planteur prenait alors une petite fourche en bois dur, plaçait la crossette entre les dents de la fourche, la descendait dans le trou et l'assujettissait légèrement dans le sol toujours au moyen de la fourche. Le vigneron avait, en outre, un couffin rempli de cendres, de sable ou de terre très-meuble ; il en garnissait le fond du trou et rabattait ensuite la terre. L'espace était suffisant pour exercer une certaine pression, et le trou était assez grand pour s'assurer que des vides ne puissent se produire.

Prend-on maintenant toutes ces précautions? Il faut bien le reconnaître, pour aller vite tout à dégénéré ; le pal a disparu, on l'a remplacé par la barre à mine qui fait un trou de 5 à 7 cent. de diamètre, la fourche, les cendres, le sable, etc., sont supprimés. Aussi, avons-nous eu le regret de constater, dans notre dernière tournée d'inspection des vignobles de la province, beaucoup de manquants dans les plantations opérées avec cet outil, quoiqu'elles eussent été faites dans un sol très-favorable à la réussite d'une plantation. Nous en avons trouvé une de 4 hectares si peu réussie, que son propriétaire a mieux aimé passer la charrue partout que de s'amuser à arracher les sarments manqués pour les remplacer par d'autres.

Le système actuel est-il vicieux ? C'est ce que

nous allons rechercher. Après la préparation du terrain, un homme muni de la barre à mine fait d'abord les trous, et pour en assujettir les parois, tasse la terre assez fortement à droite et à gauche et cause, sans le vouloir, un durcissement qui est, en raison de l'humidité qui existe dans le sol, un obstacle que perceront plus tard difficilement les jeunes radicelles du plant. Un deuxième ouvrier introduit les boutures dans les trous, or, l'étroitesse de ce trou, la courbure que présente presque toujours le sarment, ne permettant pas facilement son introduction, l'ouvrier le force à descendre, ne réfléchissant pas qu'il peut érailler les yeux et compromettre l'existence du plant. Enfin, il garnit le trou. Qu'arrive-t-il alors autour de cette tige ainsi plantée ? Nul ne le sait, puisqu'on ne peut voir si la terre touche ou non au sarment. C'est le hasard seul qui fait la réussite. Une pierre, un morceau des parois ne peuvent-ils se détacher, former voûte et empêcher la terre d'arriver jusqu'au pied de la bouture ? Ce vide sera toujours défavorable à la reprise de la crossette.

La terre n'est jamais bien tassée autour du sarment ; il y a, du reste, un fait démontré par une expérience à laquelle nous nous sommes livré dans les plantations de vignes faites à la barre à mine, qui atteste ce que nous venons de dire, c'est qu'une grande partie des boutures remuaient dans leur trou, et beaucoup sortaient avec la terre introduite pendant la plantation, comme l'on sortirait une bourre ou un bouchon. Les parois et la terre, après neuf mois, n'avaient pas fait adhérence ; n'est-ce pas la preuve irrécusable du vice de cette plantation ?

A Aïn-Malah, sur le même terrain, à 10 mèt. l'une de l'autre, deux plantations ont été opérées : l'une au fossé, l'autre à la barre à mine ; cette dernière était une plantation à refaire, tandis qu'à l'autre, il y avait tout au plus 2 °/₀ de manquants.

Quoiqu'il en soit, il y a vice; faute de surveillance ou vice de plantation, peu importe ! le fait est là. Nous le répétons, sur quinze plantations visitées, celles qui offraient le plus de manquants étaient celles plantées à la barre à mine.

Pour ce qui est de la question de prix, cette dernière méthode est, sans contredit, plus économique que la plantation au fossé, mais la différence n'est pas aussi sensible si l'on envisage la prospérité de l'une ou de l'autre plantation.

Dans la première, un homme peut planter 500 boutures en faisant les trous ; dans la seconde, 3 à 400 boutures peuvent être enterrées. C'est, du reste, sur l'ensemble du travail que ces prix doivent s'établir; nous donnerons à la fin de cette partie de notre exposé le tableau des prix de revient des deux systèmes de plantation et celui d'un procédé mixte, que nous avons vu expérimenter à Aïn-Malah. Celui-ci réunit, à notre avis, les meilleures conditions d'une bonne plantation.

### PLANTATION A FOSSÉS.

Nous avons dit, plus haut, dans un passage de ce mémoire relatif au défoncement, la façon dont on prépare le terrain pour une plantation à fossés; on ouvre, sur toute la longueur du champ à planter, des fossés de 50 cent. de large et de 40 cent. de profondeur. Ces fossés ont, entre eux, l'écartement le plus favorable, tel que nous l'avons déjà indiqué en parlant des espacements ; la terre déposée sur les parties non-défoncées a eu le temps de se fertiliser et de s'ameublir au contact de l'air. Il ne reste plus qu'à procéder à l'enfouissement du plant. Les paquets de boutures sont défaits et ces dernières distribuées sur le bord du fossé. Puis, un homme armé d'une houe quelconque descend dans la tranchée ; il porte avec lui, le plus souvent, un roseau entaillé aux deux bouts et qui est la mesure de l'écartement que doivent avoir les ceps entre eux sur le sens de la ligne. Le point de départ donné, il prend un sarment de la main gauche, l'introduit dans le fossé, le courbe légèrement à sa base, l'arrête avec le pied et de la main droite fait descendre une première couche de terre, celle qui se trouve sur le haut du talus autant que possible. Il tasse légèrement cette terre sur la crossette, l'assujettit, lui donne la verticale voulue, puis l'enterre définitivement. Il appuie ensuite sa mesure sur le sarment enterré, prend une autre bouture, la place dans la coche de la mesure, et couvre cette bouture de la même façon qu'il vient de le faire pour la première.

Quel travail, nous le demandons, peut être mieux fait que celui-là ? Rien n'échappe à l'œil du planteur, tout se voit ; on guide le plant, on règle le tassement des terres, il ne se fait point de vides. Le plant, avec cette façon d'opérer, se trouve dans des conditions favorables pour que les radicelles puissent se développer d'une façon parfaite.

Examinons maintenant, si au point de vue de la prospérité future du plant, cette façon de planter offre des garanties de succès; cette couche de terre non remuée ne peut-elle, à un certain moment, arrêter le développement du plant ? En France, où toutes ces expériences sont faites, on a résolu depuis longtemps cette question : Est-il nécessaire de défricher entièrement le terrain sur lequel on doit faire des plantations? L'expérience a démontré qu'elle était au moins inutile dans la généralité des terres. En effet, la vigne n'a pas un développement de racines, pendant les premières années, aussi fort qu'on serait tenté de le croire au premier abord; pour traverser la couche meuble, les racines mettent bien quatre ans et plus. A cette époque, ces mêmes racines sont, suffisamment, assez fortes pour vaincre la résistance que peut offrir la couche de terre non remuée. On le voit, sur ce point encore le défrichement partiel ou la plantation à fossés sort encore victorieuse de l'expérience.

Il nous reste à examiner, au point de vue du prix, si cette méthode est tellement impraticable qu'on ne puisse l'utiliser que dans les parties inaccessibles aux charrues ; nous donnons, plus loin, un tableau présentant les différents prix de revient des diverses méthodes de plantation ; contentons-nous d'ajouter ici qu'un ouvrier coté à 5 fr. peut planter dans sa journée de 3 à 400 boutures par jour. Passons maintenaut au procédé mixte que nous avons vu employer à Aïn-Malah.

### PLANTATION A TROUS CUBIQUES
(procédé mixte).

Sur le premier labour de défoncement donné en octobre, lorsque le moment des plantations est arrivé, on trace, avec une araire à versoir quelconque, des sillons de 20 à 30 cent. de profondeur. Ces sillons représenteront, plus tard, la ligne de vignes, puis un ouvrier suit avec une bêche, et, à l'espacement voulu sur la ligne, fait des trous cubiques de 15 à 20 cent. de côté dans le fond du sillon. Un autre vient ensuite et enterre le sarment. J'estime qu'un homme dans ces conditious peut faire plus de 200 trous.

On comprend tout l'avantage d'un pareil procédé, aussi, le recommandons-nous vivement à tous les planteurs de vignes en Algérie ; il est pratique et relativement peu coûteux. Il tient le milieu entre les deux méthodes, profite de leurs avantages et n'en a pas les inconvénients.

La barre à mine, d'un emploi si nuisible, disparaît en même temps que le fossé coûteux. C'est un perfectionnement de la plantation à trous, telle qu'elle a été pratiquée au Hamma dans une partie de nos vignes.

Quel que soit le mode de plantation, une des précautions à prendre lors de la mise en terre des boutures, c'est de ne pas les planter trop à fond. C'est une grande erreur de croire qu'il faille une grande profondeur à la vigne ; 30 cent. en plaine et 40 en montagne, c'est plus que suffisant. Pour s'en convaincre, il suffit de placer un sarment de 1 mèt. en terre et l'on ne verra se développer que les yeux compris entre le 20 et le 40e centimètre, et plus au collet qu'ailleurs. Le reste sera sujet à se pourrir et sera plus préjudiciable que favorable à la prospérité du cep. Une fois la plantation achevée, il faut faire le ravalement des boutures, c'est-à-dire les tailler à deux yeux francs au-dessus du sol.

## PRIX DE REVIENT DES DIFFÉRENTES PLANTATIONS.

### *Plantation à la barre à mine.*

| | |
|---|---|
| 1er labour de défoncement ................ Fr. | 150 |
| Enlèvement des pierres, racines, 8 jours à 3 fr.. | 24 |
| *A reporter* ...... | 174 |

| | |
|---|---|
| *Report* ......... | 174 |
| 2e labour au moment des plantations.......... | 30 |
| 5,000 boutures à 15 fr.................... | 75 |
| Plantation des 5,000 boutures, 10 jours à 5 fr.. | 50 |
| TOTAL.............FR. | 329 |

*Plantations à fossés.*

| | |
|---|---|
| Ouverture des tranchées..................FR. | 500 |
| Prix des boutures.......................... | 75 |
| Plantation des 5,000 boutures, 12 jours à 5 fr.. | 60 |
| TOTAL.............FR. | 625 |

*Plantation mixte.*

| | |
|---|---|
| 1er labour.............................FR. | 150 |
| Enlèvement des pierres, racines.............. | 24 |
| Sillons d'araire, 2 jours à 6 fr............... | 12 |
| 5,000 trous, 25 jours à 3 fr................. | 75 |
| Prix des boutures (5,000).................. | 75 |
| Plantation, 12 jours à 5 fr.................. | 60 |
| TOTAL..........FR. | 396 |

### TAILLE.

De graves inconvénients surviennent lorsqu'on ne taille pas la vigne ; elle croît démesurément ; les feuilles diminuent de volume, les grains deviennent petits, il y a beaucoup de coulure, le pied ne tarde pas à se montrer difforme, en un mot, elle retourne bientôt à l'état sauvage. Cette perturbation générale est amenée par la sève, qui, n'arrivant pas avec assez d'abondance, devient insuffisante à alimenter cette croissance inusitée de sarments. C'est sans doute ce qui a dû faire reconnaître la nécessité de la taille. Celle-ci consiste, en effet, dans l'ablation de tout le bois inutile, pour concentrer toute la sève sur un certain nombre de coursons.

C'est une erreur de croire que toute espèce de vigne peut se mettre en treille ou grimper comme la vigne arabe. J'ai lancé sur des arbres des Aramon et des Carignan, ils n'ont jamais rien donné, et réciproquement, si l'on soumet la vigne arabe à la taille des souches basses, elle ne donnera que de faibles produits. De là, comme on le voit, deux tailles à appliquer, selon la nature du plant. Aux Teinturier, aux Magdeleine, aux Pinot, aux Olivette, etc., la taille des vignes à haute tige. Aux Aramon, aux Mourvède, aux Espar, aux Carignan, etc., la taille des vignes basses.

Nous ne nous occuperons ici que de vignes à souches basses.

Nous pratiquons au Hamma la taille en deux temps, préconisée par tous les viticulteurs du Midi.

Premier temps : nettoyage, élagage de tous les sarments ne devant pas servir de porteur ; premier travail entrepris vers la mi-janvier.

Deuxième temps : taille définitive à deux yeux francs et le sous-œil ; seconde opération qui se fait vers la fin mars.

Cette taille est employée, avons-nous dit, dans le Midi ; son but est de pouvoir éviter les gelées d'avril et d'être à même, en peu de temps, de la compléter lorsque les bourgeons se montrent.

Malheureusement, dans nos contrées, cette taille tardive ne préserve pas toujours des fortes gelées de fin avril et du commencement de mai. On sait que la vigne débourre toujours par les yeux les plus éloignés de son pied ; on conçoit donc que l'ablation faite au moment où les bourgeons supérieurs se montrent puisse retarder de quelques jours l'ouverture des boutons inférieurs ; mais si l'on tient compte du climat algérien, on sera surpris de voir que cette taille n'a pas ici l'avantage qu'on peut en retirer en France. Le 5 avril, la vigne débourre, et ce mois pousse tellement à la végétation que, vers sa fin, les bourgeons ont déjà près de 15 à 20 cent. de long ; or, en rabattant, le 5 avril par exemple, on retardera de quelques jours l'éclosion ; mais, la puissance de la végétation est telle, que sept jours après, les bourgeons inférieurs reparaîtront et les fortes gelées de mai surprendront encore notre vigne en pleine végétation.

Néanmoins, pratiquons la taille en deux temps, elle nous mettra toujours à l'abri des gelées blanches.

En Algérie, il ne faut monter la vigne que modérément. Le sirocco et la chaleur ont trop de prise sur le raisin et lui donnent ce que nous appelons le grillé. Il ne faut pas, non plus, trop l'ouvrir, car les rayons solaires sont pernicieux sur la souche qui, sous cette influence, peut être atteinte *d'apoplexie,* maladie qui compromet toujours la récolte et quelque fois le cep. On doit donc ouvrir les vignes le moins possible. Pendant les étés de sécheresse et de chaleurs persistantes, comme celles des années 1872 et 1873, les vignes qui ont résisté le mieux sont les vignes d'*Aramon*, de *Morestel* et de *Carignan*, vignes que je convre toujours lors de la taille, en prévision des orages de grêle ; non-seulement, le raisin n'a pas grillé, mais il a gardé sa grosseur ordinaire, les feuilles étaient à peine changées.

Il ne faut pas, non plus, surcharger une vigne, mais seulement proportionner le nombre de coursons à la grosseur du cep. La taille se fait à deux yeux francs ; on coupe sur le troisième. Dans les cépages à sarments rampants, il faut, autant que possible, conserver ceux qui ont une direction verticale. La vigne ne se mettant en rapport que sur le nouveau bois, il faut asseoir la taille sur les sarments les plus bas, et ne pas négliger les rabaissements lorsque la vigne devient un peu vieille. On ne taille pas généralement la vigne d'un an ; si cependant les pousses sont trop fortes, on les arrête sur le cep à deux yeux. La deuxième année, on asseoit la taille sur le sarment qui se trouve à environ 20 centimètres au-dessus du sol.

La troisième année, on forme la souche, on taille à deux yeux et on laisse trois coursons.

A la quatrième, le pied se trouve souché ; il ne reste plus qu'à guider les coursons et à donner une bonne forme à la souche.

Un homme peut tailler environ un hectare de vignes en sept jours, et en rabattre un hectare de préparées en un jour.

### TAILLE A VERGE.

Nous n'avons rencontré qu'un seul vignoble qui fût soumis à la *taille à verge*. Ce système a été vivement combattu en France. Un journal d'agriculture nous apprend « que ce mode de taille est très-productif ; mais, aussi, qu'au bout de vingt ans, les vignes doivent être arrachées malgré les engrais et les soins. » Cette taille consiste à laisser, dans toute sa longueur, un sarment au rez de la souche, que l'on fixe, ensuite, en un fil de fer tendu horizontalement ; c'est la branche à fruit. Un autre sarment, la branche à bois de l'année, est taillée à deux yeux, qui sont appelés à fournir la branche à bois et la branche à fruit de l'année suivante.

Dans notre inspection, nous avons trouvé la la vigne soumise à cette taille bien fatiguée et, chose particulière à noter, quoiqu'elle fût vieille, elle était à peine souchée.

---

## ENTRETIEN DES VIGNES.

Aussitôt que la taille a rendu l'accès des vignes possible, commence, pour ces dernières, une série de travaux d'entretien très-importants. Les uns s'appliquent au sol, tels que piochages, binages, fumure, etc., les autres au cep lui-même, soufrage, ébourgeonnage, etc.

Nous allons passer en revue ces divers travaux dans l'ordre qu'ils se pratiquent sur la vigne aux moments où la saison les réclame.

### PIOCHAGE DE LA VIGNE OU PREMIÈRE FAÇON.

Nous l'avons dit déjà, et nous ne saurions trop le répéter : dans un pays comme le nôtre, où la main-d'œuvre est de plus en plus rare, à cause, peut-être, de la grande quantité de terrain mis successivement en culture, on ne saurait trop chercher des moyens expéditifs et peu coûteux pour suppléer à cette pénurie.

Seule, la charrue peut résoudre la question. En effet, les travaux d'entretien à bras, surtout lorsqu'ils s'appliquent à de grandes surfaces, ont ces deux grands inconvénients : d'être trop coûteux et de ne pouvoir être terminés ou commencés aux époque fixées. Ces inconvénients doivent disparaître avec la charrue, où un homme avec deux bœufs ou une forte bête et une araire peuvent labourer un hectare en six jours environ, représentés par une somme de 40 fr.; tandis qu'il faut cinquante journées d'hommes, représentant une somme de 100 fr., pour opérer le même travail à bras. Il est vrai de dire, qu'avec une surveillance active, le travail est mieux fait qu'à la charrue, et qu'avec cette dernière, on est obligé d'y revenir pour enlever le chiendent ou autres herbes parasites.

Le labourage ou piochage, s'entreprend aussitôt que la taille laisse libre quelques rangs de vigne. Que le sol soit labouré à bras ou à la charrue, ce premier travail de défoncement doit descendre à 20 ou 30 centimètres. Il a pour but de ramener les couches inférieures du terrain à la surface pour qu'elles puissent se féconder ; de diviser la terre qui, depuis l'Eté précédent, a dû fortement se tasser en raison du piétinement des vendangeurs, tailleurs, etc. ; d'extirper la végétation hivernale du sol, de déchausser les pieds de vignes, etc.

Si ce travail s'opère à la charrue, c'est l'araire Mathieu (Hérault) qui est le meilleur des instruments ; si c'est à bras d'hommes, l'outil le plus convenable est le crochet à deux dents.

Les précautions à prendre, dans l'un et dans l'autre cas, sont de veiller à ce que les souches ne soient pas endommagées par les bêtes ou par les outils, de guider la charrue de façon à ce qu'elle approche le plus possible du cep. Les intervalles d'un cep à l'autre seront ensuite piochées au crochet. On peut estimer, au cinquième environ du prix total du labour, la dépense supplémentaire qu'impose la charrue en laissant des parties non labourées entre les souches.

Revenons sur les prix pour les établir d'une manière définitive :

*Labourage à la charrue.*

| | | |
|---|---|---|
| Premier labourage à l'araire | Fr. | 40 |
| 1/5e environ pour les interlignes | | 8 |
| 1/5e du travail obligatoires tous les cinq ans. | | 20 |
| Total | Fr. | 68 |

*Piochage à la main.*

| | | |
|---|---|---|
| 50 journées à 2 fr. l'une | Fr. | 100 |
| Total | Fr. | 100 |

L'avantage, comme on le voit, est pour la charrue. On peut, il est vrai, dans les endroits inaccessibles à cet instrument, resserrer la plantation et diminuer ainsi, par un supplément de produits, le surcroît de dépenses que comporte le piochage à bras.

Cette première façon donnée aux vignes doit être terminée en mars. Passé cette époque, la vigne commence à bourgeonner ; il faut alors rabattre à deux yeux francs. Cette dernière opération doit être très-rapide. Opérée au 15 avril, elle retarde l'éclosion des yeux inférieurs, qui ne donnent leurs bourgeons que du 20 au 30 du même mois. C'est alors, le moment d'abandonner les vignes ; car, c'est l'instant le plus critique pour elles, en raison de la fragilité des bourgeons ; on devra donc veiller à ce que, à part les ouvriers, ni hommes ni animaux n'entrent dans les vignobles à cette époque.

### DEUXIÈME FAÇON.

Du 1er au 15 mai, les raisins se montrent, la végétation marche à grand pas, c'est le moment d'entreprendre le premier binage pour détruire les herbes du Printemps, et c'est aussi avec la plus grande précaution qu'il faut introduire la bineuse. Celle dont nous nous servons au Hamma est celle de feu M. Gazallet Allut, savant viticulteur et œnologue de Montpellier. Elle est la seule convenable avec ses croissants pour approcher le plus près possible des ceps sans toucher aux sarments qui, à cette époque, ont sur certains cépages acquis 50 cent. de longueur.

Ce binage devra être léger, il n'a pour but, disons-nous, que de détruire les herbes hâtives et les empêcher de grainer.

### SOUFRAGE DE LA VIGNE.

C'est aussi le moment d'entreprendre un premier soufrage dans les vignes susceptibles d'être envahies par l'*Oïdium*.

Quoique dans nos contrées ce cryptogamme n'atteigne pas souvent les vignes, comme nous avons pu le constater dans notre dernière tournée, nous devons, cependant, dire que la seule époque convenable pour que cette opération soit fructueuse dans les vignes menacées de cette maladie, est celle qui précède la floraison. Le matin est plus favorable que le soir.

L'outil le plus commode et le moins sujet aux réparations est la boîte à houppe en fer blanc.

L'opération du soufrage est rapide, on peut soufrer un hectare en cinq ou six matinées de quatre ou cinq heures.

Au 15 mai, tout travail doit cesser dans les vignes, c'est, comme nous l'avons dit, le moment de la fleur, et le moindre frôlement pourrait en provoquer la coulure.

Du 1er au 15 juin, le raisin noue.

### TROISIÈME FAÇON.

Passé ce délai, on peut entreprendre un deuxième binage ; celui-ci est devenu difficile à la charrue en raison du développement de la végétation ; mais, comme ce binage n'a pour but que de diviser superficiellement la terre, de façon à boucher les crevasses et empêcher ainsi l'évaporation de l'humidité, il sera rapide et n'entraînera, au surplus, que peu de dépenses ; il peut, en conséquence, être fait à la main.

Son prix s'évalue, pour l'hectare, à 15 journées d'ouvrier représentant une somme de 30 fr.

### ÉBOURGEONNAGE.

Du 15 au 30 juin, on pratique sur la vigne un travail d'une grande importance : l'ébourgeonnage. Comme on le sait, cette opération consiste à concentrer sur quelques branches chargées de fruits toute la vigueur de la sève. Pour y procéder convenablement, il faut se renfermer dans certaines règles qui ont été décrites, en peu de mots, par M. Blanchetti, viticulteur italien : « C'est une mesure désastreuse, dit-il, dans les » terrains arides, en pente et de nature pauvre ; » mais elle est plus désastreuse encore, si on » ne l'opère pas dans les vignes plantées sur un » sol riche et humide. » En effet, dans les premiers terrains, si on enlève des bourgeons, on prive la plante d'un organe nourricier nécessaire pour s'assimiler l'humidité de l'air, humidité que les racines ne peuvent trouver dans le sol ; d'un autre côté, on découvre le pied et on enlève ainsi au raisin un abri précieux qui, en Algérie, le préserve des influences fâcheuses des fortes chaleurs. Il n'en est pas de même, on le comprend, dans les terrains frais et humides.

Nous pouvons donc poser en principe que, dans les sols secs et arides, on doit subordonner l'ébourgeonnage à la puissance de la végétation, et, dans les terrains humides et de plaine, ébourgeonner pour débarrasser le cep de cette exubérance de végétation que gagnent les vignes dans ces conditions.

On ne doit ébourgeonner, au reste, que quand le raisin est bien sorti et lorsque les gelées ne sont plus à craindre. En ébourgeonnant, on doit avoir en vue la taille future et laisser les bourgeons qui pourraient lui être utiles.

Un homme peut ébourgeonner un hectare en cinq jours. Il ne faut y employer que des ouvriers intelligents.

### ARROSAGE DES VIGNES.

Du 1er juillet au 15 août, la vigne entre dans une période d'autant plus languissante que l'Été est plus chaud et sec. C'est le moment, pour ceux qui le peuvent, d'arroser les vignes pour favoriser le grand travail de la véraison. C'est encore une erreur de croire que, dans nos pays, on ne doive pas arroser la vigne. Sur quoi se base-t-on pour ne pas le faire? Sur ce que cette pratique n'a pas lieu en France ; mais l'Eté de notre climat est-il comparable à celui de France ? On sait, qu'en Algérie, la pluie cesse dès le

1er avril et que les chaleurs arrivent immédiatement après; cet état dure jusqu'au mois d'octobre; les rosées ne commencent qu'en août. En est-il de même en France? Ce qui est certain, c'est que le raisin a besoin d'humidité pour se gonfler et mûrir; c'est un fait constaté, du reste, par nous et par tous les viticulteurs du pays. Or, où prendrions-nous, en Algérie, pendant les mois de juin, juillet et août, l'humidité nécessaire à cette maturation, si nous n'avions recours au moins à un arrosage? Ainsi, toutes les fois qu'il nous sera possible de le faire, donnons de l'eau à nos vignes vers le 15 juillet. Dans ces nouvelles conditions, elle reprend en quelques jours sa végétation de mai, le bois s'ouate, le raisin grossit et arrive à une maturité plus précoce. Nous avons pu constater la vérité de ces assertions: au Hamma, pendant deux années de sécheresse, nous avons arrosé et deux fois sauvé notre récolte, lorsqu'au tour de nous les pertes ont été considérables.

## EFFEUILLAGE.

L'effeuillage n'est pas utile dans nos pays; on doit, au contraire, le plus possible, couvrir le raisin pour le soustraire, comme nous l'avons dit, aux rayons du soleil, qui le grillent et qui absorbent beaucoup trop vite l'humidité du sol. Nous avons eu, l'année dernière, une partie de vigne ravagée par les sauterelles, les raisins seuls restaient; nous n'avons sauvé que ceux que nous avions pu recouvrir, le reste a été grillé.

Cependant, le *Rerbi* de Milah est peut-être le seul cépage africain sur lequel cette opération puisse se pratiquer, à cause de son feuillage épais, de la finesse de la pellicule des raisins, de la grosseur de ces derniers et de la facilité avec laquelle la grappe est attaquée par l'humidité.

### PINÇAGE DE LA VIGNE.

Nous pratiquons au Hamma le pinçage de la vigne. C'est une opération qui consiste à concentrer sur la partie inférieure du sarment la végétation qui aurait des tendances à se porter à son extrémité. Nous croyons cette pratique utile au pays, parce qu'elle fortifie le point d'attache des sarments et les rend moins sensibles aux efforts du vent ; elle développe, en outre, les pampres qui couvrent, ainsi, beaucoup mieux le raisin ; elle facilite, enfin, l'accès des vignes aux vendangeurs. Rogner n'est pas pincer ; c'est le dernier flocon de feuilles que l'on doit faire sauter avec l'ongle, lorsque les vrilles commencent à paraître.

---

## MOYENS DE RÉGÉNÉRER UNE VIGNE.

La vigne arabe a, en Algérie, une durée illimitée. Aux environs d'El-Milia, nous avons vu une vigne dont le tronc était énorme et dont la plantation devait remonter à une époque très-reculée, puisque le plus âgé des habitants de cette région, nous disait qu'il l'avait toujours vue dans le même état.

Nous doutons fort, cependant, que notre vigne

française, avec sa production et sa végétation, plus qu'ordinaire, arrive, ici, à la vieillesse qu'elle acquiert en France. J'ai tout lieu de supposer, au contraire, que son existence est relativement courte. Les seuls moyens à employer contre ce dépérissement sont : 1° la fumure ; 2° la greffe ; 3° le remplacement partiel par provin.

### FUMURE.

La question des engrais a été tellement débattue en France, qu'elle nous dispense d'en parler longuement ; notre terre n'est pas assez épuisée pour qu'ils soient réclamés. Nos plantations sont de date trop récentes pour que nous nous inquiétons, outre mesure, des engrais. Quoiqu'il en soit, nous devons ajouter qu'il n'est pas un végétal qui s'assimile plus vite les principes de la fumure que la vigne ; et elle a cette propriété détestable d'impreigner à ses produits les mauvaises odeurs qu'elle puise dans les fumiers. Aussi, doit on être circonspect dans le choix des engrais ; ceux à base de potasse ou d'azote doivent être préférés.

Lorsqu'une vigne donne des signes non-équivoques de son dépérissement, on doit la fumer et répandre l'engrais un peu avant le premier piochage. Les premières pluies, en s'infiltrant, porteront aux racines les bienfaits de cette fumure.

Lorsque le dépérissement résiste à l'engrais, c'est une preuve que le cep est épuisé ; c'est sur lui, alors, que doivent se porter tous les soins.

### ENLÈVEMENT DES VIEILLES ÉCORCES.

Le premier moyen employé pour raviver une vigne est de racler et d'enlever les vieilles écorces. On ne saurait croire la quantité d'insectes, préjudiciables à une bonne végétation, que l'on détruit par cette pratique ; notons aussi, qu'elle prévient une foule de maladies particulières à ce précieux arbuste.

### GREFFE.

De tous les procédés admis pour la régénération de la vigne, la greffe est celui qui est généralement préféré. Quelle ressource puissante que la greffe! On peut, à volonté, changer la nature d'un vignoble et, avantage incomparable, encore le rajeunir. Aussi, la greffe est elle aujourd'hui usuelle en tous lieux.

Le greffage se pratique ordinairement en Algérie du 15 février au 1er avril.

Voici comment cette opération se pratique : On déchausse la souche jusqu'aux premières racines, puis, à 10 centimètres environ de ces dernières, on opère une section à la scie, de façon à détacher complétement la partie supérieure de cette même souche. Alors, avec un instrument en fer en forme de V, un coin, par exemple, on ouvre légèrement le bois et on introduit la bouture dans la fente que l'on vient de produire. On resserre, ensuite, les lèvres, on mastique et on ramène la terre. L'opération, on le voit, est simple et des plus faciles dans la pratique.

Voici quelques renseignements relatifs à cette greffe : Les sarments devant servir de greffes doivent être choisis parmi les plus sains, et être proportionnés à la grosseur de la souche ; ils seront, jusqu'au moment du greffage, à l'abri de la végétation et de la sécheresse. L'époque venue, on coupe les greffes à la longueur de 10 à 15 cent., que l'on taille en sifflet d'un côté et d'un seul coup, pour que la coupure soit bien nette, ne présente pas d'aspérité et que la moelle se trouve au milieu de la coupure que l'on vient de faire. De l'autre côté de la greffe, on se contente d'enlever simplement l'écorce.

C'est le même procédé à suivre que pour la greffe en fente des arbres fruitiers. Les soins qu'il y a à prendre consistent à enlever les rejetons qui ont une tendance à pousser sur le collet des racines, par suite de la concentration de la sève dans cette partie de la plante ; à la débarrasser des herbes inutiles qui peuvent lui porter préjudice en s'y accumulant ; à éviter les piochages qui pourraient ébranler la greffe et en compromettre la réussite ; on doit même, par des roseaux, signaler les souches greffées à l'attention, et, afin d'éviter que l'eau pénètre dans la fente, les mastiquer soigneusement. Un greffeur habile, ayant les souches bien déchaussées et débarrassées des sarments, peut en greffer 100 par jour.

Les greffes de la première année ne se taillent pas lorsqu'elles ont peu donné ; la deuxième année, on peut seulement enlever les quelques grappes qui ont une tendance à pousser et qui fatigueraient la greffe.

## PROVINAGE.

Enfin, lorsque tout espoir de guérir le cep est perdu et que les souches sont totalement épuisées, on procède à leur renouvellement. On y parvient par le provinage. On provigne dans l'interligne et on enlève, l'année suivante, les vieilles souches. Le provinage est, dans ce cas, d'un puissant secours ; car il permet de remplacer les ceps au fur et à mesure de leur mortalité. C'est un remplacement partiel qui est plus avantageux qu'un renouvellement total de la plantation.

Pour opérer le provinage nous renvoyons le lecteur à cet article.

---

## ACCIDENTS ET MALADIES.

### GELÉES.

Les seules gelées réellement à craindre en Algérie, parce qu'elles ne peuvent être évitées par la taille, sont : les gelées de fin avril au 15 mai ; car, à cette époque, les bourgeons ont déjà, en moyenne, 30 cent. de longueur ; d'un autre côté, le soleil est très-ardent et, lorsque ses rayons arrivent avant que les bourgeons aient pu se dégeler, ils sont désorganisés par cette brusque transition. Les gelées algériennes ne sont pas assez fortes pour faire périr le cep, mais elles compromettent toujours la récolte.

Contre les gelées, en France, on emploie les brouillards factices développés par des huiles lourdes.

### GRÊLE.

Le fléau le plus terrible après la gelée, est assurément la grêle. Heureusement, elle ne tombe pas en tous lieux.

L'époque où les orages surviennent en Algérie est le plus souvent en juillet et août. J'ai vu, dans la vallée du Khroubs, des champs entièrement grêlés ; les feuilles étaient déchirées, les bourgeons brisés jonchaient le sol et les coursons meurtris restaient à nu. Le mal alors est irréparable ; on peut cependant, si les vignes sont grelées de bonne heure, essayer d'une taille régulière. La végétation, dans notre pays, a assez de force, non pour donner lieu à une nouvelle récolte, mais pour fournir assez de bois pour asseoir la taille de l'année suivante.

Cet accident ne peut, du reste, être évité. Il est vrai, qu'une vigne bien couverte par suite d'une taille bien comprise, devra garantir ses raisins lorsque l'orage de grêle arrivera vers le mois de juillet ou d'août ; mais on est impuissant avant cette époque.

## APOPLEXIE.

Peu de maladies sévissent sur les vignobles de la province. Les principales, sont : l'Apoplexie, l'Oïdium, la Jaunisse, le Charbon et la Rouille.

L'Apoplexie est un curieux phénomène dont la cause a, jusqu'ici, échappé à nos investigations ; cette maladie est connue en France, où elle n'a pu encore être expliquée. Elle se produit ordinairement vers les trois heures du soir, après une forte journée de chaleur : les feuilles se fannent tout-à-coup, les sarments s'inclinent comme si le cep ne pouvait plus les porter ; le lendemain, à la même heure, tout est sec, grillé, comme par l'action d'une flamme invisible. La souche, elle-même, n'est pas morte ; mais sa récolte bien compromise. Ces cas sont fort heureusement rares, et s'observent toujours sur des souches où on a opéré des rabaissements, ou pratiqué des plaies quelconques.

### OÏDIUM.

L'Oïdium ne fait pas de grands ravages dans le département ; mais il existe, cependant, un peu partout. Les vignes qui en sont le plus particulièrement atteintes, sont celles plantées dans des endroits humides ; celles, encore, qui sont mal entretenues et dans lesquelles l'herbe croît.

Le *Carignan* est, en Algérie, comme en France, le *Moniteur de l'Oïdium*. Le remède souverain contre ce cryptogame est le soufre sublimé répandu sur la souche et les bourgeons à l'aide de la boîte à houppe.

### JAUNISSE.

Trois causes peuvent donner lieu à la jaunisse : le voisinage des eaux stagnantes ; une larve quelconque rongeant les racines ; ou bien encore un sous-sol impénétrable.

Le signe caractéristique de cette affection est dans la pâleur de la feuille et la lenteur de son accroissement. Dans ce cas, le raisin coule le plus souvent ou n'arrive jamais à maturité.

Le remède aux eaux stagnantes se trouve dans leur déviation ; pour l'insecte, un arrosage d'engrais liquide, mêlé à un insecticide quelconque, suffit toujours ; enfin, pour obvier aux inconvénients du sous-sol, il faut terrer la vigne, opération qui consiste à augmenter la couche végétale par le transport de nouvelles terres.

### CHARBON.

Le charbon est une maladie qui s'attaque à la

tige herbacée du sarment, il la désorganise et l'empêche de se ouater. On dirait que le bois a reçu une décharge de grains de plomb. Cette maladie s'observe surtout sur le Carignan.

Nous reviendrons sur cette affection en parlant du Carignan.

### ROUILLE.

La rouille est une maladie qui intéresse spécialement les feuilles, et est assez commune dans les vignobles de la province. Elle est due à la présence d'un végétal parasite qui se loge sur la face inférieure des feuilles, y produit des boursouflures et des taches rouges dont la forme est très-variée. Aussitôt que le mal commence à paraître dans un vignoble, il faut se hâter de couper les sarments atteints pour en arrêter le contage.

### COULURE.

La coulure est rare dans nos contrées, parce que les grappes sont généralement bien fournies. Le *Gamay* seul offre tous les ans des traces de cet accident. J'ai pratiqué sur lui l'incision annulaire, elle n'a pas eu d'action manifeste.

### ANIMAUX NUISIBLES.

Parmi les animaux qui, par leur voracité pour le raisin, attaquent l'arbuste, nous citerons, dans les quadrupèdes : les renards, les chiens, le hérisson, le rat, le ricton ; dans les oiseaux : les moineaux, le gros-bec, les poules, etc. On se garantit de leurs atteintes par des gardes vigilantes de jour et de nuit. Nous n'avons pas dans la province d'insectes ampélographes, les seuls qui attaquent le raisin sont la Guêpe et la Mouche-à-miel; les ravages qu'elles causent sont peu considérables du reste, et le remède pour les éloigner coûterait plus que le mal.

---

## NOTICE

### *sur les Cépages et Raisins noirs et blancs cultivés au Hamma.*

C'est avec intention que nous avons renvoyé à la fin des considérations générales sur la viticulture algérienne, l'étude des cépages dont nous avons fait l'essai, depuis quelques années, pour pouvoir y donner, comme fruit de notre expérience personnelle, le développement qu'elle comporte.

### ARAMON.

En tête des cépages cultivés au Hamma, nous plaçons l'Aramon; car, à notre avis, c'est le seul qui, sous notre climat, réunisse les conditions désirables: fertilité luxuriante, grosseur et abondance du grain, précocité incomparable, qualité particulière du vin.

L'Aramon est cultivé dans tous les départements viticoles du Midi, et forme le fond de tous les vignobles d'une certaine importance. Sa fertilité est telle, qu'il a reçu, à cause même de cette abondance de produits, certaines dénominations qui expriment sa richesse. Aux environs de Montpellier on le nomme Plantriche ; dans les vignobles du Var, Pissa-Vin ; à Cette, Gros-Grain ; à Marseille, Ugni noir.

### SOL.

L'Aramon est un plant à racines traçantes ; il convient donc à tous les sols, même à ceux dont la nature est de médiocre qualité. Sa fertilité est extraordinaire dans les torrains frais.

### EXPOSITION.

Toutes les expositions lui conviennent, il se tient bien au Nord ; les terrains légèrement en pente et qui s'essuient facilement lui sont appropriés.

### PLANTATION.

La plantation en ligne est bonne pour l'Aramon. Il se plante comme tous les autres cépages : à fossés, aux trous cubiques, à la barre à mine, etc.

On plante, de préférence, les crossettes en plaine et les plants enracinés en montagne. Il est très-rustique et donne moins de manquants que tout autre.

### ESPACEMENT.

Comme plant à racines traçantes et à sarments rampants, on doit lui réserver beaucoup de place. En plaine, l'espacement devra donner 6 à 7,000 et en montagne 5 à 6,000 pieds à l'hectare. Un espacement convenable, pour le conserver très-longtemps, est de 1 mèt. 70 cent. sur 1 mètre.

### TAILLE.

L'Aramon se taille en deux temps. Il est moins sensible que les autres plants aux effets de la gelée.

La grande gelée du 11 mai 1872 surprit un de nos carrés d'Aramon, tout fut complétement grillé; je retirai, néanmoins, aux vendanges presque la production ordinaire. En 1873, où les gelées sévirent encore avec tant d'intensité, soit au Hamma, soit au Khroubs, l'Aramon me produisit sa récolte ordinaire, là où les autres cépages ne me donnèrent que la moitié de la production ordinaire.

| | | 1872 | 1873 |
|---|---|---|---|
| 1er carré d'Aramon. | 4.800 pieds = | 19.546k.. | 19.546k |
| 2e carré d'Aramon. | 4.100 pieds = | 19.343... | 19.343 |
| Carré de Carignan.. | 2.900 pieds = | 5.133... | 3.770 |
| Carré de Morestel.. | 2.900 pieds = | 5.452... | 2.233 |

On le voit, la fertilité de l'Aramon est puissante et les yeux de secours sont très-fructifères.

Lorsqu'on taille l'Aramon, il faut couvrir le cep, ne garder que les sarments verticaux; quoique ce soit un plant très-riche, il faut subordonner le nombre de coursons à la grosseur du cep. Il demande à être taillé court, il coule si on le met en hautain ou en treille.

### VÉGÉTATION ET SOINS A DONNER.

Un premier piochage ou un premier labour doit être entrepris en février et être terminé, au plus tard, fin mars. Les premières feuilles se montrent, ordinairement, du 3 au 7 avril, les premiers raisins le 1er mai. Il est utile, alors, de donner un premier binage pour détruire les herbes qui nuiraient à sa floraison.

Je n'ai remarqué sur l'Aramon des traces d'oïdium que dans les parties de terrain humide, ou dans celles où les herbes de Printemps étaient abondantes ; dans ce cas, un soufrage a toujours fait disparaître les prodrômes de cette maladie.

Le premier binage et le soufrage préventif doivent être terminés le 31 mai ; car, à ce moment, le raisin est en fleurs.

Le fruit d'Aramon noue du 5 au 13 juin ; le 15 on peut entreprendre l'ébourgeonnage ; c'est une opération indispensable pour ce cépage, à cause de sa puissante végétation.

Le deuxième binage ne peut guère se faire dans cette espèce ; car, vers la dernière quinzaine de juin, elle a acquis tout son développement ; si l'on désire combler les crevasses produites dans le terrain à cette époque, il faut le faire à la binette et en relevant les sarments avec beaucoup de précautions.

L'Aramon est le plant qui se comporte le mieux avec les fortes chaleurs de juillet à septembre ; il souffre moins de la sécheresse que le Pinot. Son grain se développe aux rosées d'août.

### VENDANGES.

A maturité, son grain est gros, très-juteux, la grappe est volumineuse, bien garnie, peu ailée, le pédoncule est facile à détacher. La pellicule du raisin est mince et peu colorée. Ce n'est pas, à tout prendre, un raisin de table ; mais il n'est cependant pas désagréable au goût.

Sa production moyenne est de $4^k$ 570 par pied, sur une moyenne prise sur 8,900 pieds.

En 1872, j'ai obtenu de ces 8,900 pieds.. 36.150k
En 1873, — .. 38.890
En 1874, — .. 46.943

On reconnaît que l'Aramon est mûr, lorsque les grains ont atteint une certaine mollesse, qu'ils laissent, lorsqu'on les détache, un pinceau coloré, lorsque le jus a perdu son acidité.

J'invite à vendanger l'Aramon de bonne heure, pour éviter les pluies équinoxiales qui occasionnent la pourriture sur ses grappes traînantes.

CUVAISON.

Les moûts d'Aramon pèsent, en moyenne, 9° au glucomètre. Ils vont de 8° 5 à 10° 5; je n'ai jamais vu dépasser ce dernier chiffre, qui indique son maximum de maturité dans nos pays. A 8° 5, il donne un vin très-vert, il est vrai, mais qui, en vieillissant, prend du ton et acquiert toutes les qualités de celui obtenu à 9° 5. Je n'engage pas à vendanger à 8° 05 ; mais, cependant, si on était obligé de le faire à ce titre, il n'en résulterait aucun mécompte.

La quantité de ferment est très-forte dans ce raisin, la cuvée entre en fermentation cinq heures après le foulage. Néanmoins, elle n'a rien d'anormal, elle est peu tumultueuse et s'arrête du troisième au sixième jour.

Je décuve aussitôt après l'affaissement du chapeau, qui se produit après l'arrêt de la fermentation tumultueuse ; c'est-à-dire du sixième au septième jour.

Dans ces conditions, l'Aramon donne un vin un peu pâle, il est vrai, à cause de sa pellicule peu colorée, mais qui se dépouille facilement. On peut, au reste, pour obvier à ce défaut de coloration, faire entrer dans la plantation, pour 1/4, un cépage plus noir. Son rendement est d'environ 1k 200 à 1k 300 pour 1 litre de vin, ce qui porte sa production à 197h à l'hectare.

Les vins d'Aramon prennent du ton à mesure qu'ils vieillissent ; nous en avons de la vendange de 1872, qui se sont parfaitement conservés et qui ont acquis une belle couleur.

Les vins d'Aramon pèsent de 9° 5 à 10° couverts. C'est le fond ordinaire des *vins du Hamma* qui ont déjà, dans la province, une certaine renommée et qui ont été primés au dernier concours régional.

## MORESTEL.

Quoique le Morestel soit d'un plus faible rapport que l'Aramon, nous conseillons vivement l'introduction de ce plant en Algérie, pour augmenter la couleur des vins du cépage précédent. C'est le correctif de l'Aramon ; aussi, le trouvet-on, en France, dans tous les vignobles où on cultive les cépages à vins clairs.

On le nomme, indifféremment, Morestel et Mourastel dans les départements de l'Ouest. Il est peu répandu dans le Var et les Bouches-du-Rhône, où il est remplacé par le Mourvède avec lequel il a beaucoup d'analogie.

Le Morestel n'est attaquable par aucune des maladies qui atteignent les autres cépages. On ne trouve sur lui ni oïdium, ni charbon, ni coulure, ni pourriture.

### SOL.

Tous les sols lui conviennent, sa fertilité serait même plus abondante dans les terrains maigres que dans les terrains fertiles. Cette anomalie surprendra peut-être, mais elle doit être facilement comprise lorsqu'on voit le Morestel pousser beaucoup plus à bois qu'à fruit dans ces dernières conditions ; aussi bien, du reste, lorsqu'il a épuisé, appauvri le sol, il reprend sa production ordinaire. C'est assez dire que les fumures lui sont contraires.

Le Morestel est un plant à racines légèrement pivotantes, qui demandent un sous-sol profond et meuble.

### EXPOSITION.

Toutes les expositions lui conviennent; le vent du Nord n'a aucune influence fâcheuse sur ses bourgeons ; il souffre peu du sirocco.

### PLANTATION.

On doit planter le Morestel en lignes de crossettes ou de plants enracinés. Sa rusticté vient après celle de l'Aramon. En plaine, lorsque la plantation est bien faite, il y a peu de manquants; en montagne, 3 ou 4 °/₀ tout au plus. Au reste, toutes les façons de planter lui sont favorables, particulièrement celles à fossés.

### ESPACEMENT.

Quoique ce soit un plant à sarments érigés, il a cependant besoin d'air. L'espacement et la plantation la plus favorable pour un terrain en pente, est la méthode dite *à la Marseillaise*. En plaine, il lui faut plus de large ; dans cette condition, on plante en lignes séparées de deux mètr., et les ceps à 1 mètr. l'un de l'autre.

### TAILLE.

Le Morestel est facile à tailler, ses sarments

semi-érigés indiquent la taille; lorsque la souche a des tendances à s'élever, on opère des rabaissements sur vieux bois. La pourriture n'est pas à craindre en raison de la direction de ses sarments. On peut le charger une année sur trois.

Comme ce plant est très-accessible aux gelées blanches et aux gelées tardives, comme d'un autre côté les yeux inférieurs ne sont pas fructifères, voici comment j'opère avec lui au moment de la taille : Je laisse un nombre plus considérable de boutons que sur toute autre vigne, quitte, si je ne suis pas gelé, à ébourgeonner vigoureusement. On peut, en outre, ouvrir ou resserrer indifféremment les coursons ; mais, pour se mettre à l'abri des orages de grêle, on doit toujours couvrir le pied. Grâce à ce procédé, j'ai pu garantir ma vigne, lors de l'orage du 30 juillet 1874, qui causa, on le sait, de très-grands ravages dans la vallée du Khroubs.

### VÉGÉTATION ET SOINS A DONNER.

La vigne de Morestel débourre la première fois le 15 avril ; rabattue à cette époque, elle repart des yeux inférieurs du 22 au 25 du même mois. Le premier piochage doit donc être terminé à ce moment.

Du 13 au 14 mai, le Morestel montre son raisin ; il faut alors un premier binage, le soufrage est inutile ; je ne l'ai jamais opéré sur le Morestel.

Du 8 au 14 juin, le raisin noue ; on ébourgeonne fin juin, et, à partir de ce moment, on laisse la vigne en paix jusqu'au mois d'août, époque où l'on pince l'extrémité des sarments horizontaux.

La sécheresse ne lui est pas nuisible ; on

peut, en conséquence, se dispenser de l'arroser.

### VENDANGES.

Lorsque la maturité du Morestel arrive, on voit ses feuilles changer de couleur; ceci se passe vers la deuxième quinzaine d'août; le raisin n'est complètement mûr que du 10 au 15 septembre.

On reconnaît que le raisin de Morestel est mûr, lorsqu'il a pris cette couleur bleue foncée qui le caractérise, lorsqu'il se couvre d'une poussière grise, lorsque l'acidité du grain a disparu et lorsqu'en le détachant du pédoncule il laisse un pinceau coloré. A ce moment, les grappes sont de moyenne grosseur, légèrement ailées, peu longues, au nombre de deux ou trois sur le même sarment, toutes concentrées sur la partie supérieure du cep. Le grain est gros, serré, très-juteux et sucré, la pellicule noire et un peu épaisse.

Sa production moyenne est très-variable, ce plant, nous l'avons dit, étant accessible aux gelées.

| | |
|---|---|
| En 1872, j'ai obtenu de 2.900 pieds...... | 5.452k |
| En 1873, — ...... | 2.233 |
| En 1874, — ...... | 14.843 |

### CUVAISON.

Les moûts de Morestel atteignent 11, 12 et 12° 50. Sa fermentation est tumultueuse; on ne doit, en conséquence, ne remplir les cuves que modérément, de peur qu'elles ne déversent. Cette fermentation s'arrête du sixième au septième jour. On décuve lorsque tout bruit a cessé et que le vin pèse 0° de sucre.

Ce dernier est foncé, brillant, se dépouille très-vite, et est ordinairement très-chargé en tannin. Il pèse 10° 2.

## CARIGNAN.

S'il est un plant pour lequel les viticulteurs du Midi se soient passionnés à une certaine époque, c'est bien pour le Carignan. Nous ne partageons pas, à coup sûr, toute l'admiration qu'on professe pour lui ; nous lui reprochons, avant tout, d'être trop sensible aux gelées, à l'oïdium et au charbon; cependant, nous lui rendrons cette justice, que, dans les années exemptes de gelées, il n'est pas de plant plus riche, et, si nous en conseillons l'introduction, c'est parce que tous les sols ne sont pas sujets aux grands froids, et que nous avons la persuasion de l'acclimater et de nous rendre maître du charbon qui l'affecte, par la greffe et l'espacement.

Le Carignan est cultivé presque partout dans le Midi ; on le nomme Bois dur, Crignane, Carignane dans les départements de l'Ouest ; dans le Gard et l'Hérault, il prend le nom de Catalan et de Matéro ; dans le Var et les Bouches-du-Rhône, celui de Plant riche.

Les vins d'Espagne sont, en partie, fabriqués avec du Carignan, de l'Alicante, de l'Isabelle et autres plants noirs ; il doit donc entrer, comme nous l'avons dit, dans une plantation d'Aramon, pour 1/4 environ.

### SOL.

Comme végétation, tous les sols lui conviennent ; il n'en est pas de même pour le rendement : les terrains humides lui sont totalement contraires, les terres un peu fraîches lui iraient mieux ; il produit alors de fortes grappes ; mais, dans ces conditions, il est sujet au charbon et à l'oïdium. Les sols les plus favorables sont ceux en pente, qui s'essuient promptement, et sont de bonne constitution ; mais alors le grain et la grappe diminuent sensiblement de volume.

### EXPOSITION.

Ce plant demande à être très-abrité des vents du Nord. Pendant les mois de mai et juin, alors que les bourgeons ont de 20 à 30 cent., les vents qui règnent en abattent beaucoup.

### PLANTATION.

Les plantations doivent se faire en lignes ; il réussit mieux à fossés qu'à la barre à mine ; les chapons sont préférables aux crossettes, ces dernières ont les yeux trop écartés. Le chapon se prend à 30 cent. au-dessus de la crossette.

### ESPACEMENT.

En étudiant la maladie du charbon, nous avons remarqué qu'elle n'existait jamais sur des sujets écartés, mais toujours sur les plantations resserrées. L'espacement devra donc être ici rigoureusement observé : dans une plantation en plaine, 2 mètres d'une ligne à l'autre et 1 mètre 20 sur la ligne devront être toujours conservés.

### TAILLE.

Son bois est dur et demande de meilleurs outils que les cépages précdéents.

On devra donc, préférablement, pratiquer ici la taille en deux temps, et, lorsque le moment de rabattre sera venu, laisser trois yeux, sans compter le sous-œil, quitte à faire sauter avec l'ongle les bourgeons supérieurs, si la gelée ne survient pas. Comme c'est un cépage à sarments peu érigés, on devra encore conserver ceux qui ont une direction bien verticale, en raison du poids considérable des grappes.

### VÉGÉTION ET SOINS A DONNER.

Les soins sont les mêmes que pour l'Aramo n et le Morestel.

Les bourgeons, au 15 avril, sont très-fragiles ; le vent en abat souvent des quantités considérables, aussi, demande-t-il un abri puissant. On doit entreprendre le premier binage en mai. Comme l'oïdium y fait souvent élection, il sera nécessaire de lui donner deux soufrages ; l'un en mai, avant fleur, et l'autre en juin, après que le raisin est noué. On devra, aussi, retarder l'ébourgeonnage le plus possible ; je ne l'entreprends, pour mon compte, que le 1er juillet, à cause des vents de mai et juin ; dans cette opératon, on enlève les sarments horizontaux et les gourmants qui, dans ce cépage, poussent en abondance. Le Carignan, vers le 15 juillet, tend à pousser des sarments d'une longueur démesurée ; il faut, alors, les arrêter avec l'ongle. Le refoulement de sève qui se produit grossit d'autant le raisin.

### VENDANGES.

Cette espèce devient précoce, en raison même de l'abri qu'on lui donne ; elle mûrit, selon les années, du 1er au 7 septembre. A cette époque, les pampres se colorent légèrement en rouge, la grappe est forte, les grains très-gros, la chair du raisin charnue et la pellicule, très-épaisse, est d'un noir foncé. On reconnaît que le raisin du Carignan est mûr, quand la teinte en est bleue foncée, lorsque le grain, détaché, laisse un pinceau coloré, et quand le pédoncule de la grappe acquiert nne teinte marron. Lorsqu'on le vendange, on doit se munir de très-bons sécateurs, car ce pédoncule est très-dur à couper.

Lorque l'année est froide, il arrive souvent que les grappillons nombreux de ce cépage ne se colorent pas ; il faut alors les vendanger quand même, car le moût pèse 9°, et à 9°, il est encore facile d'obtenir un bon vin.

| | |
|---|---|
| En 1872, j'ai obtenu, de 2,900 pieds.... | 5.133k |
| En 1873, — .... | 3.770 |
| En 1874, — .... | 8.957 |

## CUVAISON.

Les moûts de Carignan pèsent 11 et 12°. Pressée et foulée, la vendange entre en fermentation de suite. Pendant la marche, il se développe une abondante écume rouge, la masse augmente de volume ; aussi, faut-il avoir soin de ne pas trop remplir les cuves. Le décuvage s'opère du septième au huitième jour.

Le vin est foncé, brillant, et se dépouille facilement ; son bouquet est très-parfumé. Il pèse 10° 3.

Le rendement du Carignan varie en raison de sa situation en plaine ou en montagne ; la supériorité du vin qu'il produit est subordonnée à l'une ou l'autre de ces conditions.

Ce rendement peut s'évaluer de cette façon :

| | | |
|---|---|---|
| Année pauvre.......... | 31 hectolitres. | à l'hectare. |
| Année moyenne......... | 46 — | |
| Année riche comme 1874. | 55 — | |

## TEINTURIER.

Teinturier, Noireau, Corbeau, tels sont les noms donnés aux cépages à raisins colorants.

Nous possédons au Hamma une variété de vigne arabe dont l'analogie est grande avec le teinturier; la différence ne porte guère que sur le le bois et l'écartement des yeux ; le Teinturier a les siens très-rapprochés et recouverts d'un duvet cotonneux blanc.

Ce plant aime les terrains frais, sans trop d'humidité ; il est précoce et demande les mêmes soins d'entretien que les précédents cépages.

Il exige l'écartement d'un bon mètre sur le sens de la ligne, est très-rustique et réussit bien quelque soit le mode de plantation. Il n'a qu'un défaut, qui est de ne pas former souche et d'avoir, par conséquent, son raisin trop près de terre; aussi faut-il, lorsqu'il est plantier, asseoir la taille sur les yeux supérieurs. Soumis à une taille courte, il produit peu ; mais on peut, dans ce cas, en augmenter la production en le mettant en treille, ou en le soumettant à la taille à verge du docteur Guyot.

Très-accessible à l'oïdium dans nos contrées, on doit lui donner deux soufrages : l'un avant et l'autre après fleur.

En souche basse, il demande peu à être ébourgeonné, et est, en outre, réfractaire aux gelées.

Le seul caractère qui indique la maturité de ce raisin est la saveur sucrée; cette maturité est précoce et se produit au Hamma vers le 20 août.

La grappe est petite, bien fournie, serrée sur le cep ; les raisins sont peu volumineux, très-sucrés, très-juteux, et la pellicule contient beaucoup de matière colorante.

Les moûts de Teinturier atteignent 13° et 13° 50 ; les fermentations se produisent d'une façon normale ; elles sont peu tumultueuses et s'arrêtent le septième jour.

Le vin met un certain temps à se dépouiller ; il est foncé ou légèrement pelure d'oignon ; il pèse 10° 7. Mêlé aux vins de Carignan et de Morestel, il constitue un vin dit de coupage.

Le rendement du Teinturier est plus important qu'on ne le pense généralement : il donne un litre de vin par 2 kil. 500 gr. de raisin ; ce qui porte à 45 hectolitres le rendement d'un hectare.

## TERRET BOURRET.

Après les cépages d'élite dont nous venons de parler, nous citerons encore, comme convenant sous tous les rapports au pays, le *Terret Bourret* rouge.

C'est un plant à demi érigé, ayant de l'analogie avec le Morestel. Sa culture est la même que celle de l'Aramon. Malgré la précocité des premiers bourgeons et des premiers raisins, qualités qu'il partage avec ce dernier cépage, la maturité du Terret arrive quelques jours après celle de l'Aramon. Cela vient sans doute de ce que, dans le Terret, les raisins sont plus éloignés de terre que ceux de l'Aramon.

Les gelées blanches n'ont que peu d'action sur lui, ce qui fait qu'il donne sa récolte alors même qu'il en est atteint.

Sa végétation est moins fongueuse que dans

les autres cépages, et, comme plant à sarments érigés, il y a peu de prise pour la pourriture.

Mais le cep peut néanmoins supporter beaucoup plus de coursons que l'Aramon, sans doute en raison du plus grand développement de ses racines.

Le Terret Bourret ne peut être considéré que comme production ; on ne peut espérer de lui un vin foncé ; aussi doit-il entrer, pour moitié, dans les plantations de Carignan ou de Morestel.

Sa maturité arrive après celle de l'Aramon ; ses grappes sont de moyenne grosseur, massées sur le cep, cylindriques ; le grain est moyen, aussi très-juteux et sucré ; la pellicule est mince, peu colorée, le raisin facile à détacher.

Son moût va de 12° à 13° 5.

Les fermentations se passent d'une façon normale et sont moins tumultueuses que celles du Carignan.

Le vin, au décuvage, est pâle ; mais à mesure qu'il se dépouille de sa lie, il se colore. Il est de garde, surtout si on le vine. Son bouquet est très-développé.

Il pèse 10° 3 ; son rendement est de 50 à 60 hectolitres à l'hectare.

Les cépages cultivés, en petite quantité il est vrai, dans nos vignobles, et dont nous croyons pouvoir préconiser l'introduction dans les plantations algériennes, sont, en outre des précédents, les suivants :

Le Mourvède, l'Espar, l'Alicante, le Grenache, le Pinot, le Gamay, l'Isabelle ou raisin du Cap, le Grillah, le Rerbi, le Quelbt-el-Tsour, l'El-Mili, etc.

Nous nous bornons à les énoncer ici, faute d'avoir pu en faire jusqu'à ce jour une étude suffisante pour en parler *ex-professo* et lui donner tout le développement qu'elle comporte.

Aussi bien, du reste, quelques-uns de ces cépages, tels que le Mourvède, l'Espar, l'Alicante, le Grenache, ont tant d'analogie entre eux et des points si nombreux de ressemblance avec le Morestel, que les mêmes cultures peuvent leur être appropriées.

Nous ne voulons pas clore la liste des cépages à introduire ou à propager en Algérie sans parler d'un raisin indigène assez répandu dans l'arrondissement de Constantine.

Ce raisin est le *Hasseroum*. Il a plus d'une analogie avec le Teinturier. Il croît à peu près à l'état sauvage. C'est un plant à haute tige.

Son bois est petit, cylindrique, brun, très-court jointé ; les boutons sont légèrement cotonneux ; la feuille en est petite, très-foncée et très-dentelée ; la grappe moyenne, bien fournie, un peu ailée, quelquefois cylindrique ; le pédoncule est brun, de bois très-dur et difficile à détacher. Il existe parfois une deuxième grappe, plus petite, placée immédiatement au-dessus de l'autre. Le raisin est petit, serré, très-juteux et contient un seul pépin, rarement deux. La pellicule est épaisse et contient une grande quantité de matière colorante.

Le moût est sucré, légèrement acide, très-coloré ; il pèse 13° 5 couvert.

Nous n'avons pu en étudier le vin à cause d'un accident survenu pendant la fermentation. Nous ne pouvons pas, non plus, parler de son rendement ; mais nous avons la ferme conviction que ce cépage algérien est appelé à rendre de grands services aux planteurs.

# CÉPAGES A RAISINS BLANCS.

—

## MUSCAT.

Je crois que si un vin est appelé à se créer une renommée dans notre Colonie, c'est le vin blanc de Muscat qui en aura la priorité ; son arôme particulier est l'indice certain d'une réputation future. Aussi bien, est-il dévolu aux viticulteurs de nos contrées de rechercher quel serait le moyen de fixer cette saveur due au terroir, cette partie sucrée que la fermentation dévore au moment même où elle est le plus nécessaire à la fabrication de ce vin de liqueur.

Le Muscat est trop connu pour que nous en parlions longuement ; nous nous bornerons à dire que, dans nos pays, le raisin en est très-précoce et que, du 25 août au 10 septembre, on peut le vendanger.

Il aime un terrain gras, mais sec ; l'humidité lui est défavorable.

Il résiste bien aux gelées blanches et craint peu les fortes gelées lorsqu'il est un peu abrité. Comme plant à sarments étalés, on doit le plus possible monter la souche et, pour cette raison aussi, l'espacer le plus possible. Une plantation en ligne de 1m 50 et 2m lui est très-favorable et active sa production. Les travaux d'entretien doivent être terminés au mois de juin ; l'ébourgeonnage, vigoureux, pour lui ôter le bois inutile.

Il est très-accessible à l'oïdium ; aussi, doit-on lui donner un double soufrage.

Lors de sa maturité, les abeilles et les guêpes en sont très-friandes.

On reconnaît que le raisin est mûr, lorsque le grain prend cette teinte jaune dorée particulière au Muscat de Frontignan ; en ce moment, la grappe est légèrement allongée, cylindrique, portant deux petites grappes superposées ; le grain est moyen, sucré et très-parfumé.

Il est très-productif. Son moût varie de 13° 5 à 16°, selon qu'il séjourne plus ou moins sur la souche.

Partant de ce principe, que l'arôme réside dans la grellicule et non dans le jus, je laisse fermenter avec la rafle pendant quelques jours, après avoir permis préalablement l'absorption de la partie aqueuse en exposant le raisin coupé pendant deux jours au soleil ; ensuite, j'arrête la fermentation par le mutage au soufre ou par l'alcool.

Le rendement est d'environ un litre de vin par 2 kilogr. de raisins.

Le vin Muscat que npus obtenons au Hamma pèse 11° 3.

## TERRET BOURRET GRIS.

Le Terret Bourret gris est le cépage à vin blanc sec par excellence. Il est en tous points identique au Terret rouge, sauf la couleur de la pellicule, qui, au lieu d'être rouge, est grise.

Nous cultivons ce cépage, au Hamma, pour le fond de notre vin blanc ; c'est lui qui est la production ; il est au vin blanc ce que l'Aramon est aux vins rouges.

Sa culture est la même que celle des autres cépages. C'est un plant très-rustique, de bonne constitution et qui convient sous tous les rapports à notre Algérie ; il s'accommode de tous les sols ou expositions quelconques ; les maladies ne l'atteignent point.

La saveur sucrée indique seule la maturité de ce raisin, qui arrive dans notre contrée vers le 15 septembre environ.

Sa production est supérieure à celle des autres cépages blancs français ; elle rivalise avec celle du Mourestel.

Les moûts atteignent facilement à 13° ; aussi, la fermentation est-elle toujours plus longue.

Le vin du Terret Bourret gris est très-corsé, de bonne constitution, et si la vendange a été légèrement plâtrée, le dépouillement se fait rapidement. Son bouquet est faible ; aussi, mélangeons-nous toujours ce raisin avec d'autres espèces pendant la vendange.

Le vin de Terret gris pèse 12°. Son rendement est de 50 à 60 hectolitres à l'hectare.

## UGNI BLANC.

Ce cépage est très-répandu en France ; il y est connu sous les noms de *Clairette*, *Blanquette*, *Œillade*, etc.

La végétation luxuriante qu'il acquiert dans les terrains à sous-sol frais le différencie des autres cépages. Sa feuille est verte, large, rugueuse, son port majestueux.

Les terrains humides lui sont complètement défavorables, en raison de la facilité avec laquelle ce plant acquiert l'oïdium. Le développement de sa souche et le grand nombre de coursons qu'on est obligé de lui conserver, comportent un espacement considérable et qui ne doit pas être moindre de 1m 75 en tous sens. Comme dans le

Mourvède, on doit opérer sur lui des rabaissements et réserver, à la taille, les sarments qui se développent le plus bas possible.

Il réclame les mêmes soins d'entretien que le Morestel.

A maturité, le grain est petit, d'un vert blanc, la peau est assez épaisse. La disparition de toute acidité annonce cette maturité.

Sa production est forte en raisin, mais faible en vin ; dans une grappe, il y a plus de pépins, de pellicules, que de jus.

Son moût pèse 12°.

Le rendement de l'Ugni est minime, mais il sert à relever le ton des autres vins ; son bouquet est très-développé.

On peut donc l'introduire dans un vignoble à vins blancs dans la proportion d'un bon tiers.

## EL-RERBI.

Ce raisin est une variante du gros Damas ; c'est un cépage qui nous vient du pays kabyle. Il est lui-même originaire de Syrie.

Son bois est jaune blanc et se distingue facilement des autres cépages ; il est jointé assez long, rond et très-gros ; la feuille est vert foncé, très-dentelée et à long pédoncule ; le feuillage en est très-épais.

Les grappes sont volumineuses, abondantes, longues, légèrement ailées ; le grain est gros, très-charnu, d'un vert passant légèrement au jaune à maturité.

Ce n'est pas, à proprement parler, un raisin à vin ; néanmoins, mélangé à l'Ugni, il donne de bons résultats. Il est passable comme raisin de table, et n'a qu'une qualité, celle d'être tardif.

Les sols frais lui conviennent bien ; il dépérit lorsque l'humidité prédomine. On le cultive en treille ou en bordure ; soumis à une taille courte, il ne produit presque rien ; mais sa fécondité est surabondante lorsqu'il est en hautain. Sa production arrive alors à 20 kilogr. par pied.

C'est le seul cépage qui, en Algérie, au moment de la maturité, demande à être épampré. Son feuillage est tellement épais et les grains sont si gros et ont une pellicule si mince, qu'ils se pourrissent par l'humidité avant d'être mûrs.

Les moûts n'atteignent que 10°.

Il faut vendanger le Rerbi de bonne heure.

Détaché du cep et suspendu à un courant d'air, il peut se conserver frais pendant plusieurs mois.

Les autres cépages blancs que nous cultivons au Hamma sont : les *Panses milanaises* et autres, le *Corinthe*, les *Chasselas*, l'*Olivette*, le *Pinot blanc*, etc.

Comme pour ceux à raisins rouges, dont nous avons parlé précédemment, nous nous réservons d'en faire, en temps et lieu, une description complète.

---

Au demeurant, nous serions heureux, dans celle que nous venons de présenter ici, d'avoir pu être utile à ceux des cultivateurs algériens qui désirent planter de la vigne ; et notre plus douce récompense serait d'apprendre que nous leur avons épargné quelques mécomptes, applani les difficultés d'un début, en plaçant sous leurs yeux, dans ce modeste travail, tout ce qu'a pu nous suggérer une expérience déjà longue, au point de vue de la culture de ce précieux végétal, qui est appelé à constituer, un jour, la plus grande richesse agricole de nos contrées.



IMPRIMERIE L. MARLE, 2, RUE D'AUMALE.

www.ingramcontent.com/pod-product-compliance
Ingram Content Group UK Ltd.
Pitfield, Milton Keynes, MK11 3LW, UK
UKHW022123260726
13993UKWH00003B/1195